高等职业教育专科、本科计算机类专业新型一体化教材

计算机网络技术基础与实践案例教程

卢　宁　邹晶晶　张　军　主　编

陈宗仁　李祖猛　余振养　荆舒炀　陈　云　副主编

电子工业出版社

Publishing House of Electronics Industry

北京·BEIJING

内 容 简 介

　　本书是为高职专科、本科计算机、数据通信及相关专业的学生学习网络技术基础而编写的项目式教材。本书以培养学生职业能力为核心，以理论基础够用为原则，采用"项目导向，任务驱动"的编写方式设计学习任务，分为 6 个单元，17 个任务，从计算机网络基础知识入手，深入浅出地介绍了组建局域网、搭建网络服务器、构建网络安全等方面的内容。本书紧跟网络前沿技术，并以华为 1+X 网络系统建设与运维职业等级标准为依据，把行业、企业的最新、最前沿的技术融入进来，使教学内容与实际应用对接。

　　本书既可以作为高职专科、本科相关专业的教材，又可作为非计算机类专业及广大计算机网络初学者的学习用书。

图书在版编目（CIP）数据

计算机网络技术基础与实践案例教程 / 卢宁，邹晶晶，张军主编. —北京：电子工业出版社，2022.1
ISBN 978-7-121-42730-5

Ⅰ. ①计… Ⅱ. ①卢… ②邹… ③张… Ⅲ. ①计算机网络－高等职业教育－教材 Ⅳ. ①TP393

中国版本图书馆 CIP 数据核字（2022）第 014834 号

责任编辑：李　静　　　特约编辑：田学清
印　　刷：河北鑫兆源印刷有限公司
装　　订：河北鑫兆源印刷有限公司
出版发行：电子工业出版社
　　　　　北京市海淀区万寿路 173 信箱　　　邮编：100036
开　　本：787×1092　　1/16　　印张：14.75　　字数：378 千字
版　　次：2022 年 1 月第 1 版
印　　次：2022 年 1 月第 1 次印刷
定　　价：48.80 元

　　凡所购买电子工业出版社图书有缺损问题，请向购买书店调换。若书店售缺，请与本社发行部联系，联系及邮购电话：（010）88254888，88258888。

　　质量投诉请发邮件至 zlts@phei.com.cn，盗版侵权举报请发邮件至 dbqq@phei.com.cn。

　　本书咨询联系方式：（010）88254604，lijing@phei.com.cn。

前　　言

计算机网络技术不断更新发展，给我们的生活和工作带来了巨大变化。计算机网络技术与各行各业有机融合，助力各个行业高速发展。网络已经成为我们生活中不可或缺的一部分，在这个网络技术不断更新的信息时代，社会对于高校计算机网络相关课程的教学提出了更高要求。为了适应时代发展步伐，满足高校对计算机网络基础教学的需求，特编写本书。

本书以校园网工程项目为依托，从行业的实际需求组织全书内容。本书具有以下特点。

1. 在编写思路上，本书以培养学生职业能力为核心，以理论基础应用为原则，采用"项目导向，任务驱动"的编写形式，遵循网络技能人才的成长规律，网络知识的传授、网络技能的积累和职业素养增强并重。通过从网络应用场景分析到任务案例设计和实施，再到网络知识的阐述，使读者达到学习知识和培养能力的目的，为适应未来工作岗位奠定坚实基础。

2. 在内容选取上，本书紧跟网络前沿技术，并以华为 1+X 网络系统建设与运维职业等级标准为依据，把行业、企业的最新、最前沿的技术融入进来，使教学内容与实际应用对接，提升了教学内容的先进性、科学性和实用性。

本书包括 6 个单元，分别是认识计算机网络、组建局域网、实现校园网互通、搭建网络服务器、构建网络安全和网络设备监控与管理。每个单元由若干具体工作任务组成，建议总学时为 64 学时。在教学过程中，可根据学生的学习基础和实际教学情况进行调整。

本书由卢宁、邹晶晶和张军编写并统稿，参加编写的还有陈宗仁、李祖猛、余振养、荆舒炀和陈云。由于编者水平有限，书中难免存在不足或疏漏之处，恳请广大师生及读者在使用过程中提出宝贵建议，并予以批评指正。编者邮箱为 545177939@qq.com。

本书思维导图

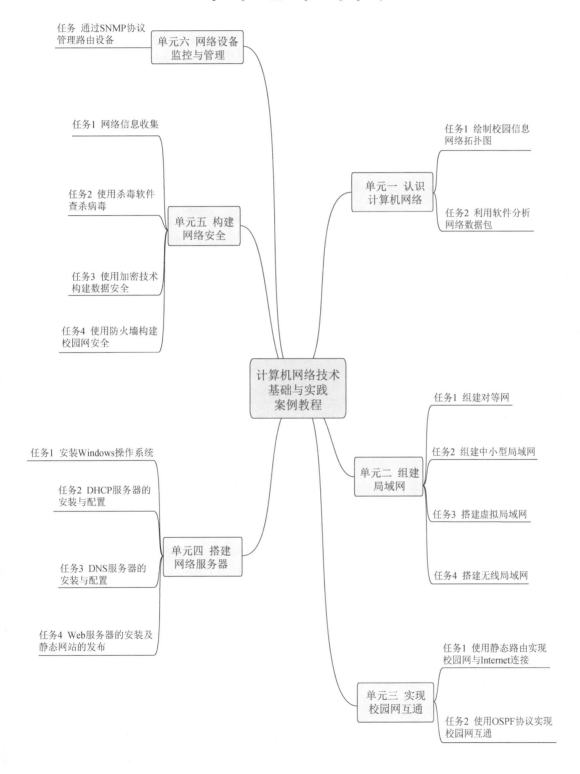

任务 通过SNMP协议管理路由设备

单元六 网络设备监控与管理

任务1 网络信息收集

任务2 使用杀毒软件查杀病毒

单元五 构建网络安全

任务3 使用加密技术构建数据安全

任务4 使用防火墙构建校园网安全

任务1 绘制校园信息网络拓扑图

单元一 认识计算机网络

任务2 利用软件分析网络数据包

计算机网络技术基础与实践案例教程

任务1 安装Windows操作系统

任务2 DHCP服务器的安装与配置

单元四 搭建网络服务器

任务3 DNS服务器的安装与配置

任务4 Web服务器的安装及静态网站的发布

任务1 组建对等网

任务2 组建中小型局域网

单元二 组建局域网

任务3 搭建虚拟局域网

任务4 搭建无线局域网

任务1 使用静态路由实现校园网与Internet连接

单元三 实现校园网互通

任务2 使用OSPF协议实现校园网互通

目　　录

单元一

认识计算机网络

【知识目标】

1. 了解计算机网络的发展历史和趋势。

2. 掌握计算机网络的定义和功能。

3. 掌握计算机网络的分类。

4. 了解协议的概念和网络体系结构。

5. 掌握 OSI/RM 体系结构。

6. 掌握 TCP/IP 体系结构。

扫一扫，看微课

任务 1

扫一扫，看微课

任务 2

【技能目标】

1. 能够分析与理解 Visio 绘制的网络拓扑图。

2. 掌握利用 Visio 绘制网络拓扑图的方法。

3. 能够利用 Wireshark 简单分析网络数据包。

【素养目标】

1. 具备分析问题和解决问题的能力。

2. 具备沟通与协作的能力。

3. 具备网络拓扑图的绘制与识别能力。

4. 具备简单分析网络数据包的能力。

教学导航

知识重点	1. 计算机网络的定义和功能 2. 计算机网络的分类 3. 网络体系结构 OSI/RM 和 TCP/IP 4. 利用 Visio 绘制网络拓扑图 5. 利用 Wireshark 分析网络数据包
知识难点	1. 网络体系结构 OSI/RM 和 TCP/IP 2. 利用 Visio 绘制网络拓扑图 3. 利用 Wireshark 分析网络数据包
推荐教学方式	从工作任务入手，从学生熟悉的校园网切入，让学生从抽象到直观，逐步理解并掌握校园网的拓扑结构，进而理解并掌握 TCP/IP 网络体系结构，在此基础上，通过 Visio 绘制网络拓扑图，进一步增强学生对网络结构层次的理解，同时，利用 Wireshark 分析网络数据包的结构，让学生具体观察 TCP/IP 的层次划分和封装技术
建议学时	12 学时
推荐学习方法	动手完成任务，在任务中逐步理解并掌握网络拓扑结构绘制，以及 TCP/IP 的技术特点和包封装格式

任务 1　绘制校园信息网络拓扑图

【任务目标】

教学
操作
视频

利用 Visio 绘制某智慧校园信息网络拓扑图。

【任务场景】

小张成功应聘学院信息中心网络运维岗实习生，部门领导要求小张尽快熟悉和掌握学校校园网的拓扑结构，根据该学校的具体信息，利用 Visio 绘制出网络拓扑图。

小张首先通过查阅资料和校园实际调查，总结出如下信息。

（1）校园网络范围主要包括：办公楼、图书馆、教学楼、实训楼、宿舍楼、中心机房。

（2）网络层次划分：核心层通过核心层设备与汇聚层之间进行信息交流与管理；汇聚层构成本地网络核心，同时通过核心设备实现与其他部分的信息交换；接入层将各种最终用户接入 IP 网络。

（3）中心机房配有：邮件服务器、WEB 服务器、FTP 服务器、DHCP 服务器和计费服务器。

【任务环境】

Windows 10 客户端，并安装 Visio 软件。

【任务实施】

1. 打开 Visio 软件

（1）打开 Visio 软件，如图 1-1 所示，左侧属于"形状"区域，右侧网格部分属于"绘图"区域。

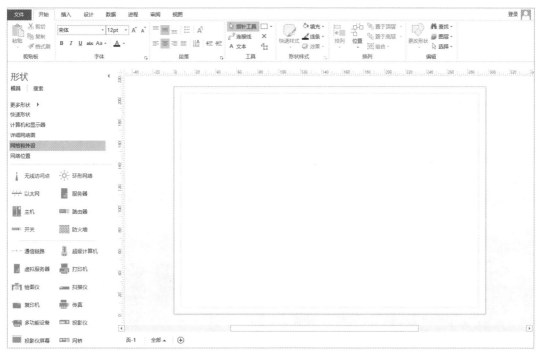

图 1-1

（2）在"形状"区域依次选择"更多形状"→"网络"选项，选择"服务器 - 3D"等需要用到的网络 3D 图形类别，如图 1-2 所示。

2. 绘制核心层

通过上面的步骤打开 Visio 软件，并在"形状"区域展开需要用到的网络 3D 图形类别，下面开始绘制网络拓扑图。

3

（1）在"形状"区域单击"服务器 - 3D"中的"邮件服务器""WEB 服务器"等图标，将其拖入绘图区域，并双击相应的图标，添加注释，效果如图 1-3 所示。

图 1-2

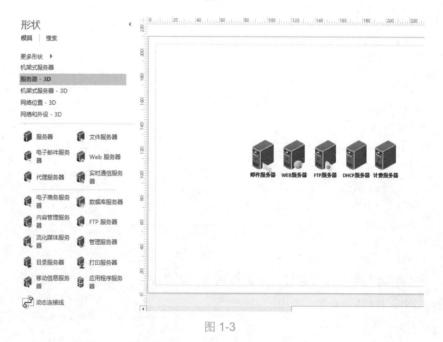

图 1-3

（2）在"形状"区域选择"网络符号 - 3D"选项，并将交换机拖入绘图区域，用连接线将服务器和交换机相连，效果如图 1-4 所示。

4

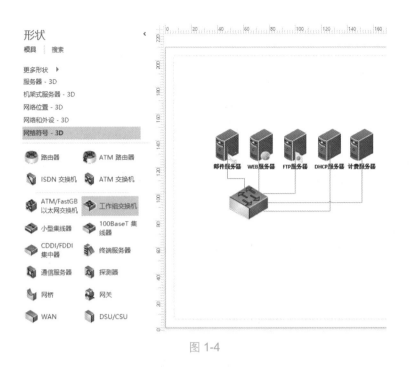

图 1-4

（3）在"形状"区域依次选择相应的类别图标，并将其拖入绘图区域，绘制的核心层拓扑图如图 1-5 所示。

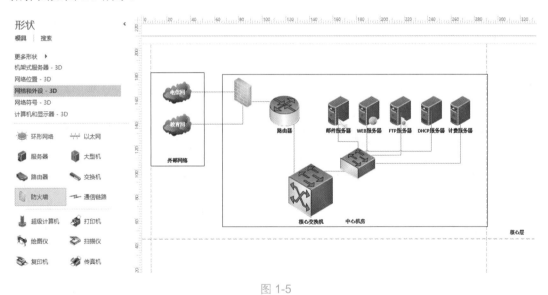

图 1-5

3．绘制汇聚层

在"形状"区域选择"网络符号 - 3D"的工作组交换机，并将其拖入绘图区域，绘制办公楼、图书馆、教学楼、实训楼、宿舍楼等的交换机，并用连接线将其和核心交换机相连，效果如图 1-6 所示。

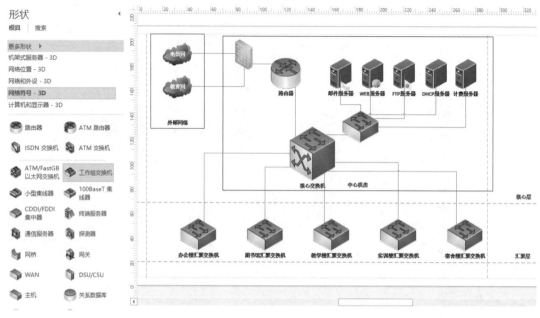

图 1-6

4．绘制接入层

（1）在"形状"区域选择"网络符号 - 3D"的工作组交换机，并将其拖入绘图区域，完成办公室、图书馆、教学楼等各个区域的接入层交换机绘制，并用连接线将其和汇聚层交换机相连，效果如图 1-7 所示。

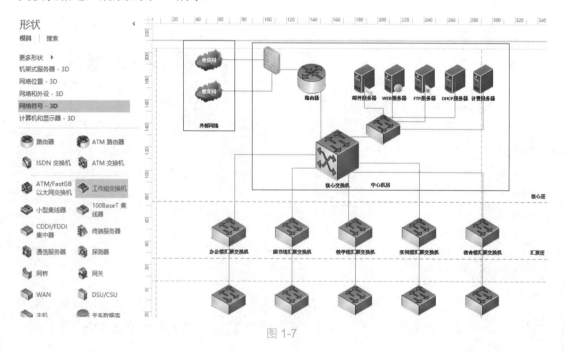

图 1-7

（2）在"形状"区域选择"计算机和显示器 - 3D"中的 PC，并将其拖入绘图区域，表示接入终端用户，完成接入层的拓扑图绘制，如图 1-8 所示。

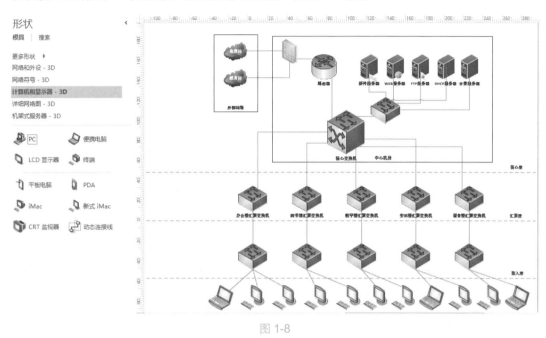

图 1-8

【相关知识】

21 世纪的今天，我们身处网络时代，信息在网络上高速传递。随着计算机网络技术的发展和办公自动化的普及，计算机网络已经成为社会生活中一种不可缺少的信息处理和通信工具，人们借助计算机网络实现信息的交流和共享。

1. 计算机网络的发展历史

计算机网络的发展成为当今世界高新技术发展的核心之一，然而它的发展历程也很曲折，从 1946 年世界上第一台计算机 ENIAC 的诞生到现在网络的全面普及，计算机网络的发展大体可以分为以下 4 个阶段。

1）诞生阶段

20 世纪 60 年代中期之前的第一代计算机网络是以单个计算机为中心的远程联机系统。终端是一台计算机的外部设备，包括显示器和键盘，无 CPU 和内存。当时，人们把计算机网络定义为以传输信息为目的而连接起来，实现远程信息处理或进一步达到资源共享的系统，这样的通信系统已具备网络的雏形。早期的计算机为了提高资源利用率，采用批处理的工作方式。为了适应终端与计算机的连接，出现了多重链路控制器，如图 1-9 所示。

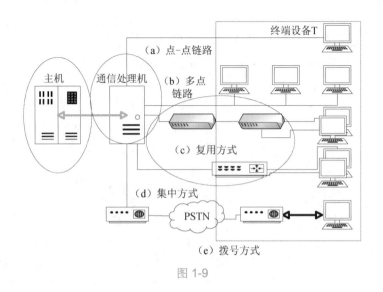

图 1-9

2）形成阶段

计算机网络兴起于 20 世纪 60 年代后期，其典型代表是美国国防部高级研究计划局协助开发的 ARPANET（阿帕网）。主机之间不是直接用线路相连，而是由接口报文处理机（IMP）转接后互连的。IMP 和它们之间互连的通信线路一起负责主机间的通信任务，构成通信子网。通信子网互联的主机负责运行程序，提供资源共享，组成资源子网，如图 1-10所示。在这个时期，网络为以能够相互共享资源为目的而互联起来的具有独立功能的计算机集合体，形成了计算机网络的基本概念。

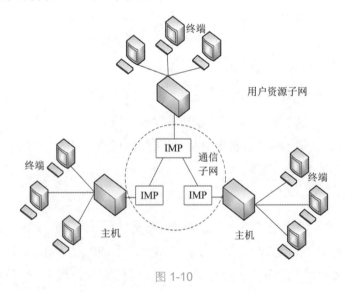

图 1-10

3）互联互通阶段

20 世纪 70 年代末至 90 年代的第三代计算机网络是具有统一的网络体系结构并遵守国

际标准的开放式和标准化的网络。阿帕网兴起后，计算机网络发展迅猛，但是，这一时期计算机之间的组网是有条件的，在同网络中只能存在同一厂家生产的计算机，其他厂家生产的计算机无法接入。在此期间，各大计算机公司相继推出自己的网络体系结构及实现这些结构的软硬件产品。由于没有统一的标准，不同厂商的产品之间互联很困难，人们迫切需要一种开放性的标准化实用网络环境，于是诞生了两种国际通用的最重要的体系结构，即 TCP/IP 体系结构和国际标准化组织的 OSI 体系结构。

4）高速网络技术阶段

第四代计算机网络是从 20 世纪 90 年代末出现的。当时局域网技术已经逐步发展成熟，光纤、高速网络技术及多媒体、智能网络等技术相继出现，整个网络就像一个对用户透明的大的计算机系统，发展为以 Internet 为代表的互联网。20 世纪 90 年代，微电子技术、大规模集成电路技术、光通信技术和计算机技术不断发展，为网络的发展提供了进一步有力的支持。

2. 计算机网络的定义和功能

计算机网络的定义没有一个统一的标准。随着计算机网络本身的发展和计算机网络体系结构的标准化，人们提出了不同的观点。目前，比较认同的计算机网络的定义：将分布在不同地理位置上的、具有独立功能的计算机及其外部设备，通过通信设备和通信线路连接起来，按照某种事先约定的规则（通信协议）进行信息交换，以实现资源共享的系统。

因此计算机网络必须具备以下三个基本要素。

（1）两个独立的计算机之间必须用某种通信手段连接起来。

（2）至少有两个具有独立操作系统的计算机，并且它们之间有相互共享某种资源的需求。

（3）网络中各个独立的计算机之间要能相互通信，必须制订相互可确认的规范标准或协议。

计算机网络的主要目的是实现计算机之间的资源共享、网络通信和对计算机的集中管理。计算机网络的功能可以归纳为以下五个方面。

1）资源共享

（1）硬件资源：包括各种类型的计算机、大容量存储设备、计算机外部设备，如彩色打印机、经典绘图仪等。

（2）软件资源：包括各种应用软件、工具软件、系统开发所用的支撑软件、语言处理程序、数据库管理系统等。

（3）数据资源：包括数据库文件、数据库、办公文档资料等。

（4）信道资源：通信信道可以理解为电信号的传输介质。通信信道的共享是计算机网络中最重要的共享资源之一。

2）数据通信

数据通信是计算机网络中最基本的功能之一，用来传输各种类型的信息，包括数据信息及图形、图像、声音、视频流等。

3）集中管理

在没有联网的条件下，每台计算机都是一个"信息孤岛"，必须分别对这些计算机进行管理。而计算机联网后，可以在某个中心位置实现对整个网络的管理，如数据库情报检索系统、交通运输部门的订票系统、军事指挥系统等。

4）分布处理

分布处理是指把要处理的任务分散到各个计算机上运行，而不会集中在一台大型计算机上。这样不仅可以降低软件设计的复杂性，还可以大大提高工作效率和降低成本。

5）均衡负荷

广域网内包括很多子处理系统。当网络内的某个子处理系统的负荷过重时，新的作业可通过网络内的结点和线路分送给较空闲的子系统进行处理。

3．计算机网络的分类

计算机网络的分类标准很多，比如按通信介质、传输方式、使用对象等从不同的角度及按照不同的属性，可以有很多分类方式。

1）按地理覆盖范围分类

目前比较公认的能反映网络技术本质的分类方法是按计算机网络的分布距离分类。按网络覆盖范围的大小，可以将计算机网络分为局域网（LAN）、城域网（MAN）、广域网（WAN）。

（1）局域网：指范围在 10km 内的办公楼群或校园内的计算机相互连接所构成的计算机网络，局域网通常属单位所有，单位拥有自主管理权，以共享网络资源为主要目的。

（2）城域网：所采用的技术基本上与局域网类似，只是规模上更大一些。城域网的作用范围为一个城市，地理范围为十几千米到几十千米不等，传输速率在 100 Mb/s 以上。城域网是对局域网的延伸，用于局域网之间的连接。

（3）广域网：通常跨越很大的地理范围，可以是一个地区、一个省、一个国家甚至全球，地理范围一般在 100 km 以上，传输速率较低。广域网主要指使用公用通信网所组成的计算机网络，是互联网的核心部分，其任务是长距离传输主机发送的数据，广域网的特点是传输距离远，传输速度慢，传输易出错，成本高等。

2）按网络功能分类

计算机网络可以分为通信子网和资源子网，如图 1-11 所示。

（1）通信子网：由网络结点和通信链路组成，是计算机网络中负责数据通信的部分，主要完成数据的传输、交换及通信控制。采用通信子网后，可使入网主机不用去处理数据通信，只需负责信息的发送和接收即可，减少了主机的通信开销。除此之外，由于通信子网是按统一软硬件标准组建的，可以面向各种类型的主机，因此方便不同机型间的互连，减少组建网络的工作量。

（2）资源子网：用于访问网络和处理数据，由主机系统、终端控制器和终端组成。主机负责本地或全网的数据处理，可运行各种应用程序或大型数据库，向网络用户提供各种软硬件资源和网络服务。终端控制器把一组终端连入通信子网，并负责对终端的控制及终端信息的接收和发送。终端控制器可以不经过主机直接和网络结点相连。

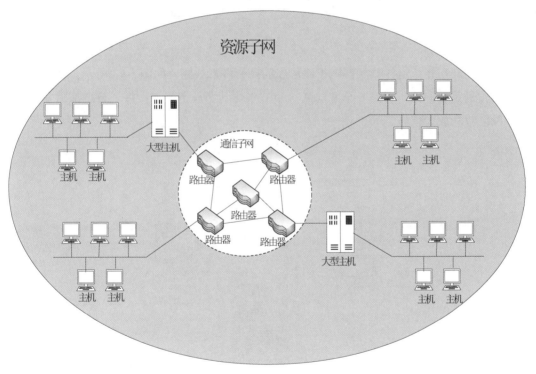

图 1-11

3）按拓扑结构分类

将计算机网络中的各个结点及通信设备看成点，将通信线路看成线，这些线把点连接起来构成的图形称为网络拓扑结构。常见的网络拓扑结构有总线形、环形、星形、树形和网状形拓扑结构等。

（1）总线形拓扑：由单根电缆组成，该电缆连接网络中的所有节点。图 1-12 描绘了一种典型的总线形拓扑结构。在总线形拓扑结构中，所有节点共享总线的全部容量。网络上的每个节点都被动地侦听接收到的数据。当一个节点向另一个节点发送数据时，它先向整个网络广播一条警报消息，通知所有节点发送数据，目标节点将接收发送给它的数据，在发送方和接收方之间的其他节点忽略这条消息。

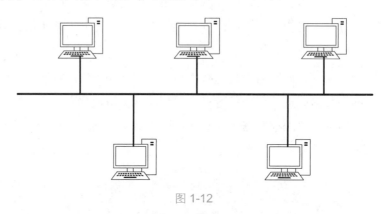

图 1-12

（2）环形拓扑：由各节点首尾相连形成的闭合环形线路，如图 1-13 所示。环形网络中的数据传送是单向的，即沿一个方向从一个节点传到另一个节点；每个节点都需安装中继器，以接收和放大信号。

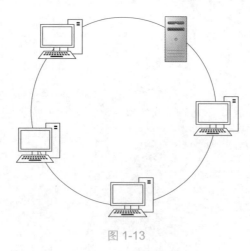

图 1-13

（3）星形拓扑：每个节点都通过一条点对点链路与公共中心节点相连，如图 1-14 所示。任意两个节点之间都必须通过公共中心节点，并且只能通过公共中心节点进行通信。公共中心节点通过存储—转发技术实现两个节点之间的数据帧的传送，其设备可以是集线器，也可以是交换机。

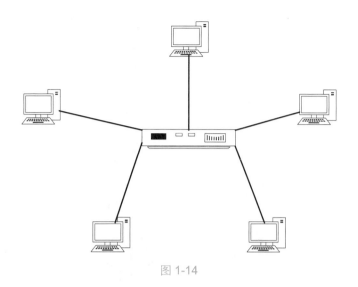

图 1-14

（4）树形拓扑：从总线形拓扑演变而来，其形状像一棵倒置的树，如图 1-15 所示，顶端是树根，树根以下带分支，每个分支还可再带子分支。它是总线形拓扑结构的扩展，是在总线网上加上分支形成的，其传输介质可有多条分支，但不会形成闭合回路。

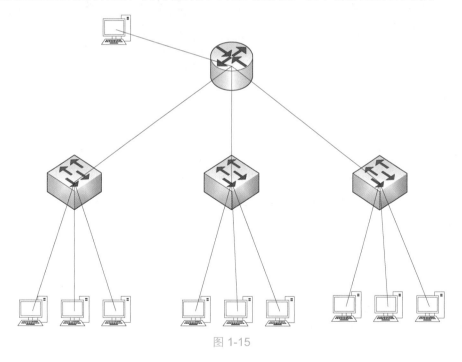

图 1-15

（5）网状形拓扑：又称无规则结构，其结点之间的连接是任意的，没有规律。如图 1-16 所示，就是将多个子网或多个局域网连接起来的。

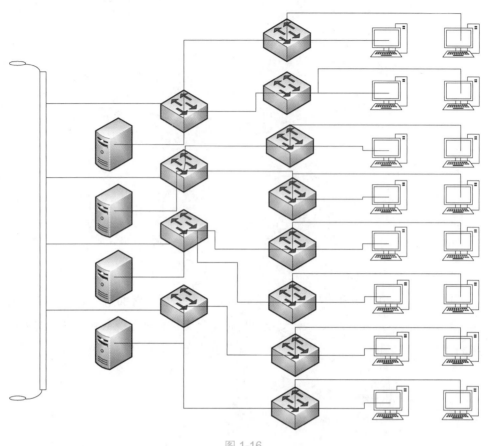

图 1-16

4. 计算机网络的发展趋势

2020 年 11 月 23 日至 24 日，世界互联网大会·互联网发展论坛在中国浙江省乌镇举行，其主题是"数字赋能 共创未来——携手构建网络空间命运共同体"，从这个主题可以看出，今后互联网的发展要更好地造福人类。我们现在已经步入信息化社会，在计算机网络发展迅猛的今天，"网络就是计算机"这句网络名言被越来越多的人接受，我们的生活越来越依赖计算机网络，计算机网络已经广泛应用于各大领域。通过计算机网络，人们可以开展广泛的交流互助活动和进行多种工作。

纵观近年来国际和国内网络研究界在改造传统网络体系结构和探索新型网络体系结构方面所做的努力，这些研究工作实质上已经反映出当前关于互联网演进与发展的两个崭新趋势。

1）传统互联网中过于简单的网络核心功能应该适当增强

随着分组交换技术基础地位的确立及 TCP/IP 协议的设计成功和广泛实现，早期互联网基本上奠定了"核心简单，边缘智能"的体系结构格局。尤其是 20 世纪 80 年代初"端到端原则"的提出进一步强化了互联网的核心应该尽量保持简单，而把复杂的处理都放到端系统上去实现的观念。

2）从服务角度研究下一代网络为互联网带来的新的发展契机

像互联网这样规模十分庞大的分布式系统，将不可避免地面临异构性、开放性、安全性、并发性、可缩放性等方面的诸多挑战，因此从位于核心网络之上且分布于网络边缘的互联网系统入手，致力于研究互联网如何为用户提供各种各样的服务，以及如何用这些服务支持和开发各种特定网络应用的分布计算技术，逐渐成为互联网研究中的一个重要分支和领域。

5．网络从业者应具备的职业道德观念

1）遵纪守法，尊重知识产权

由于计算机网络最主要的功能之一是实现资源共享，因此很多人认为计算机网络是一种完全开放型的状态，只要愿意就可以在网上发表任何言论，或者从网上下载文章、图片及各种作品。但实际上计算机网络只是信息资源的一种载体，其本质与报纸、电视等传统媒体没有任何区别，计算机网络上的文章、图片及各种作品同样拥有著作权，不能随意转载、摘抄。

2）爱岗敬业，严守保密制度

计算机网络从业人员应爱岗敬业，严守保密制度，保守相应的国家机密和商业机密。由于目前很多商业信息及其他信息都会在计算机系统上保存并通过计算机网络传输，所以计算机网络从业者必须采取相关措施，防止泄密的发生。

3）团结协作，爱护设备

计算机网络从业人员应做好设备的规范化和文档化管理，及时写好维护记录，做好交接工作；负责所有设备的管辖和运行状况的掌控，以最经济的设备寿命周期费用，取得最佳的设备综合效能，确保设备经常处于良好的技术状态和工作状态。

任务 2　利用软件分析网络数据包

【任务目标】

利用 Wireshark 分析网络数据包的结构。

教学
操作
视频

【任务场景】

为了能让小张尽快独立排查分析并解决网络通信故障，部门领导要求小张尽快熟悉和掌握使用 Wireshark 分析网络数据包的结构，具体要求如下。

（1）通过使用 Wireshark 抓取网络上的 HTTP 数据包，分析理解网络协议 TCP/IP 的层次结构：物理层、数据链路层、网络层、传输层、应用层等各层数据包的主要内容。

（2）通过使用 Wireshark 抓取网络上的 TCP 数据包，熟悉 TCP 段的结构：源端口、目的端口、序列号、确认号、各种标志位等字段。

（3）通过使用 Wireshark 抓取网络上的 UDP 数据包，熟悉 UDP 段的结构：源端口、目的端口、长度等字段。

【任务环境】

Windows 10 客户端及 Wireshark 安装包。

【任务实施】

1. 在 Windows 10 客户端安装 Wireshark

（1）双击 Wireshark 安装包，弹出安装界面，如图 1-17 所示。

图 1-17

（2）单击"Next"按钮，接受协议约定，单击"Noted"按钮，组件选择可以采用默认的组件配置，如图 1-18 和图 1-19 所示。

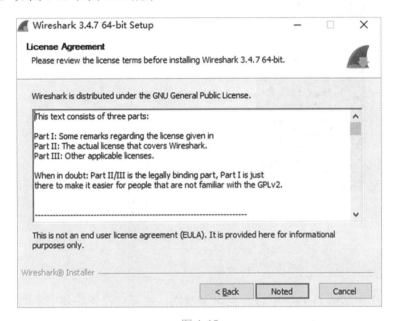

图 1-18

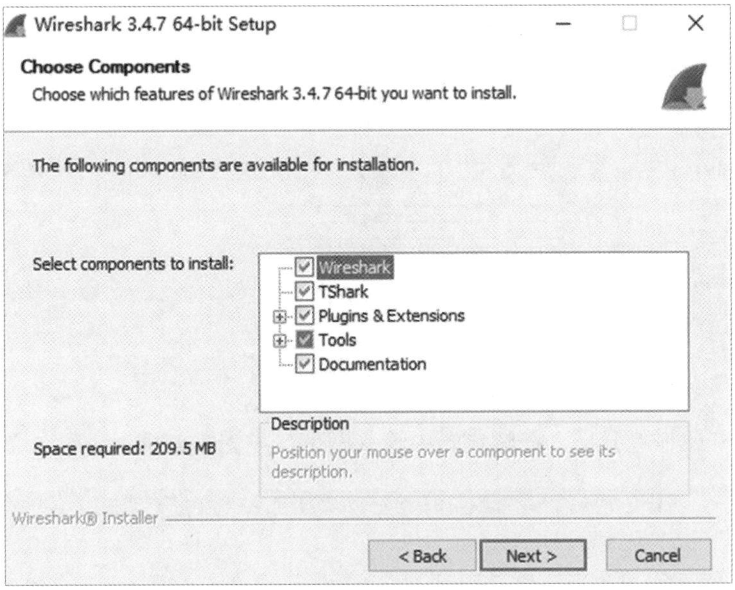

图 1-19

（3）单击"Finish"按钮，如图 1-20 所示，完成软件安装。

图 1-20

2. 利用 Wireshark 抓取 HTTP 数据包

（1）首先打开 Wireshark，可以看到很多网络，选择自己正在使用的网络，如图 1-21 所示，双击正在使用的 Ethernet0 就可以了。

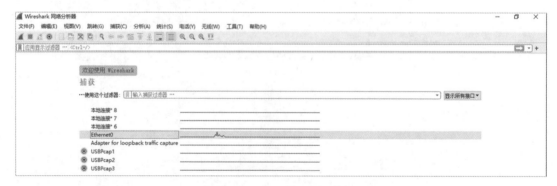

图 1-21

（2）然后开始抓包分析，在浏览器中输入网址，如图 1-22 所示。

图 1-22

（3）可以看到 Wireshark 已经抓取到很多数据包，然后将其过滤，如图 1-23 所示，单击"书签"按钮，选择"HTTP:http"选项，筛选出 HTTP 数据包，如图 1-24 所示，数据包左边的箭头向右表示请求，箭头向左表示响应。

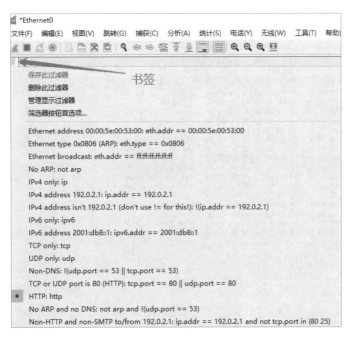

图 1-23

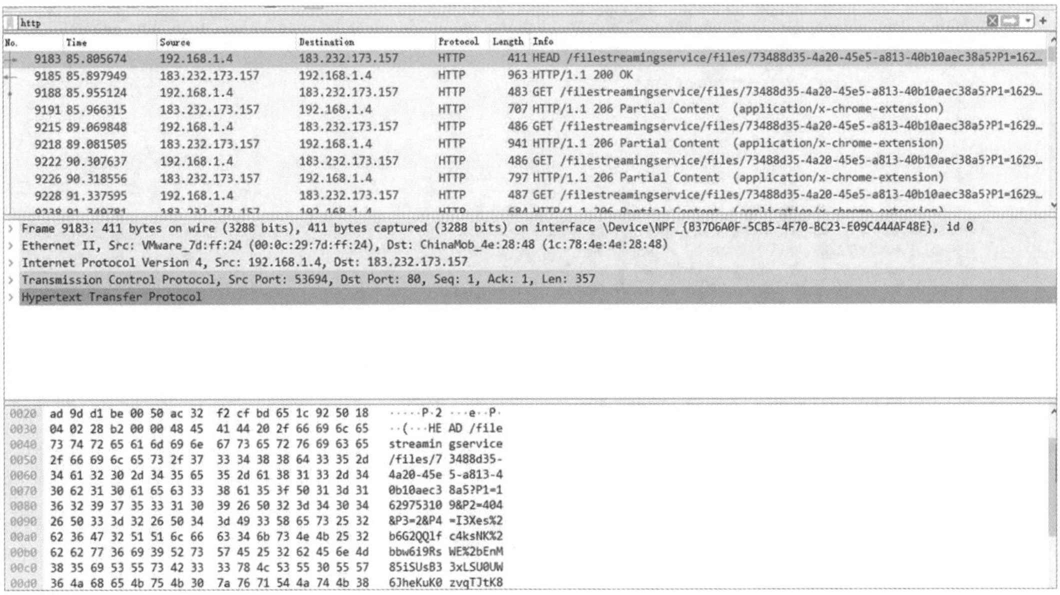

图 1-24

（4）对 HTTP 数据包分析，双击 HTTP 请求、HTTP 响应分别如图 1-25 和图 1-26 所示。

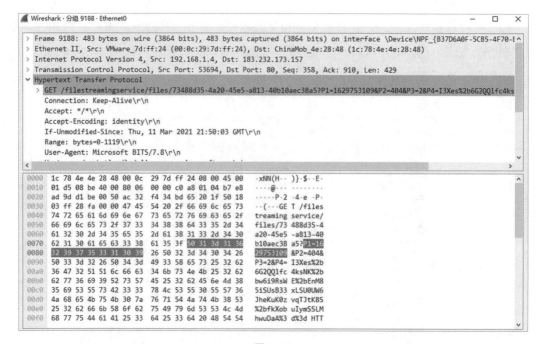

图 1-25

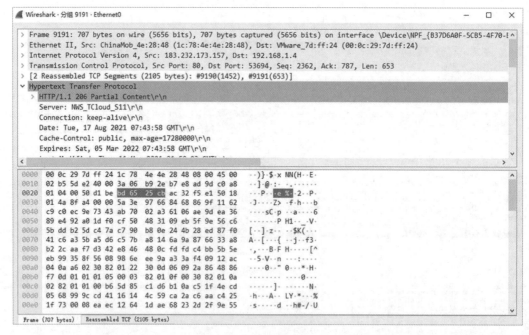

图 1-26

结合 TCP/IP 协议层次结构定义，通过分析 Wireshark 抓取的数据包可知如下内容。

① Frame：物理层的数据帧概况，如图 1-27 所示。

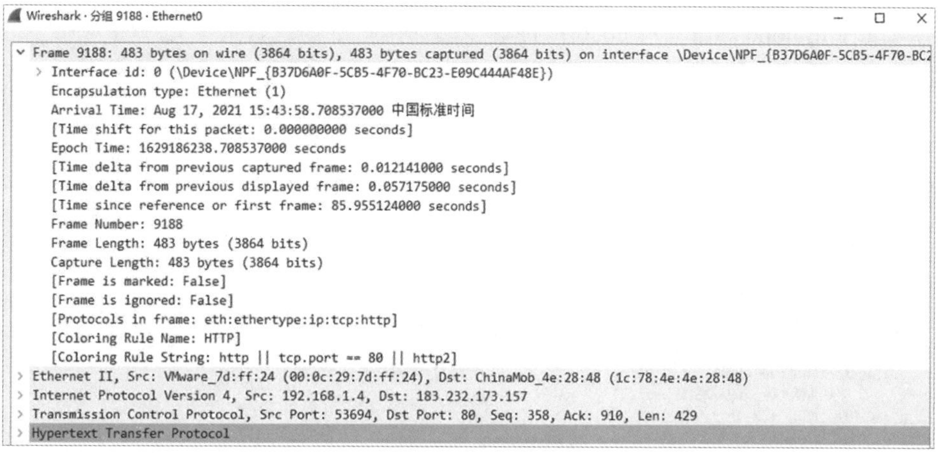

图 1-27

② Ethernet II：数据链路层以太网首部信息，一般包含源（本机）、目的地（服务器）物理地址（MAC），如图 1-28 所示。

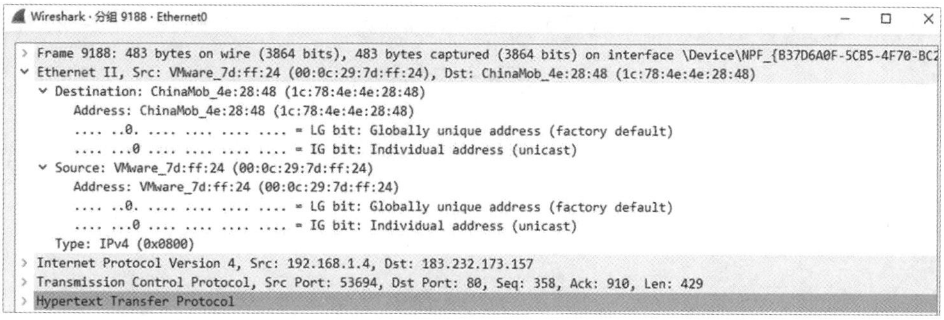

图 1-28

③ Internet Protocol Version 4：网络层 IP 包首部信息，一般包含源（本机）、目的地（服务器）IP 地址，如图 1-29 所示。

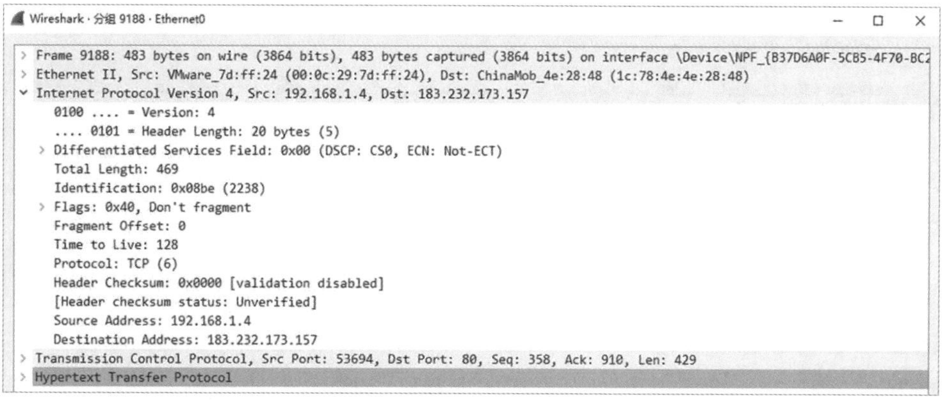

图 1-29

④ Transmission Control Protocol：传输层的数据首部信息，此处是 TCP 协议，一般包含源（本机）、目的地（服务器）端口连接状态，如图 1-30 所示。

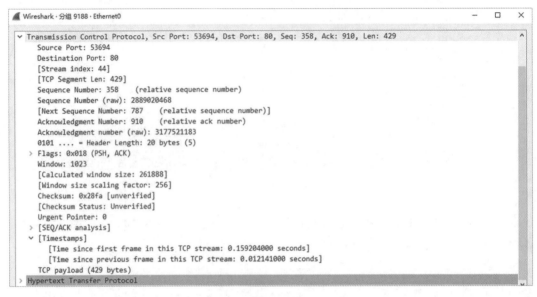

图 1-30

⑤ Hypertext Transfer Protocol：应用层的信息，此处是 HTTP 协议的 HTTP-Get 数据包，如图 1-31 所示。

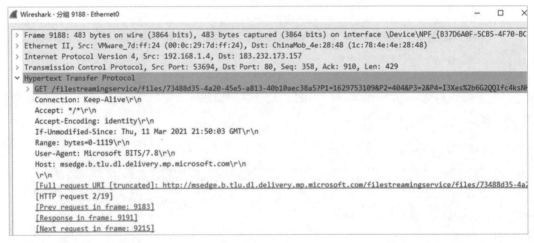

图 1-31

（5）保存和导出数据包。数据包采集完成后，可以像文件一样保存，后续随时可以使用 Wireshark 打开查看。首先，单击"停止"按钮，如图 1-32 所示，然后单击"保存"按钮，如图 1-33 所示，在弹出的对话框中指定保存位置并为保存的文件命名即可。

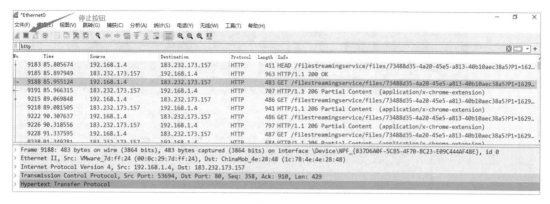

图 1-32

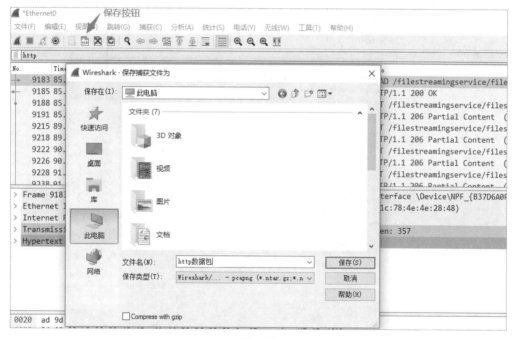

图 1-33

3. 利用 Wireshark 抓取 TCP 数据包

（1）打开 Wireshark 后，选择正在使用的目标网络，开始抓包分析，打开浏览器，输入网址，如图 1-34 所示。

（2）可以看到 Wireshark 已经抓取到很多数据包，然后将其过滤，如图 1-35 所示，单击"书签"按钮，选择"TCP only:tcp"选项，筛选出 TCP 数据包，如图 1-36 所示。

图 1-34

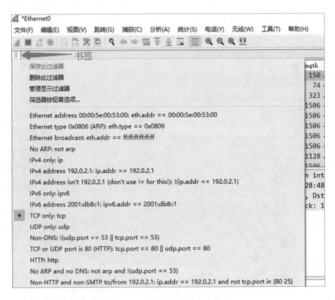

图 1-35

图 1-36

（3）熟悉 TCP 段的结构，如源端口、目的端口、序列号、确认号、各种标志位等字段，如图 1-37 所示。

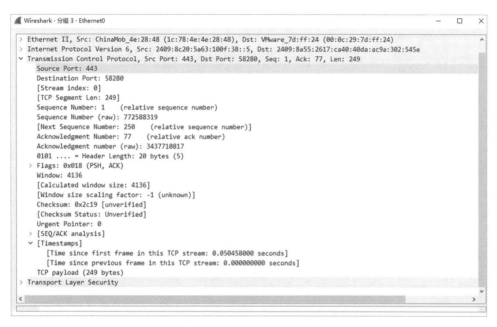

图 1-37

4. 利用 Wireshark 抓取 UDP 数据包

（1）打开 Wireshark，选择正在使用的目标网络，开始进行抓包分析，打开浏览器中输入网址，进入"学习慕课"App，打开一个学习视频，如图 1-38 所示。

图 1-38

（2）可以看到 Wireshark 已经抓取到很多数据包，然后将其过滤，如图 1-39 所示，单击"书签"按钮，选择"UDP only:udp"选项，筛选出 UDP 数据包，如图 1-40 所示。

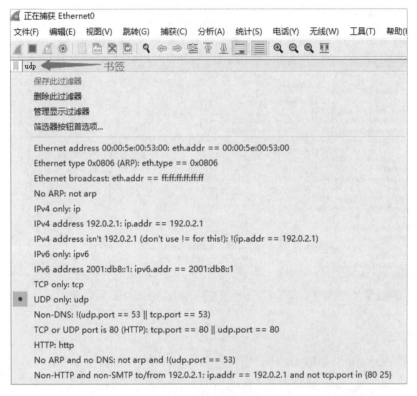

图 1-39

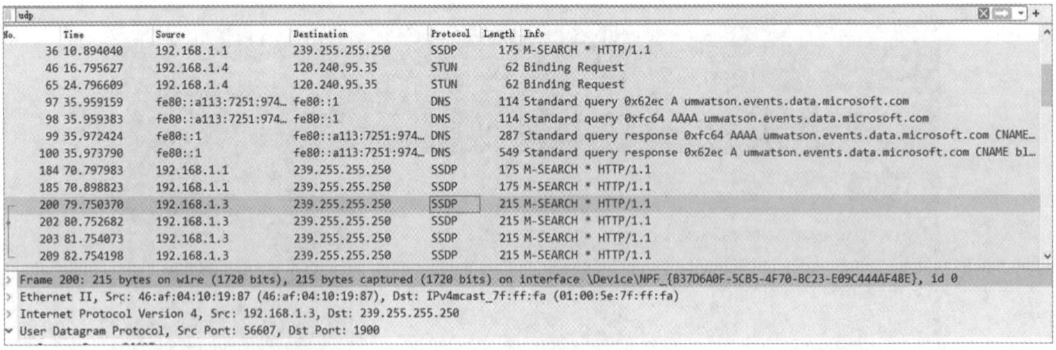

图 1-40

（3）熟悉 UDP 段的结构，如源端口、目的端口、长度等字段，如图 1-41 所示。

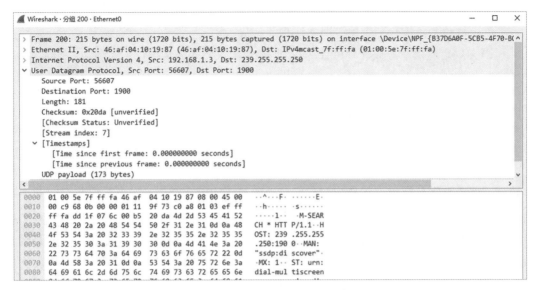

图 1-41

【相关知识】

网络体系结构是指为了实现计算机间的通信合作，把计算机网络互联的功能划分成有明确定义的层次，并规定同层次实体通信的协议及相邻层之间的接口服务。简单地说，网络体系结构就是网络各层及其协议的集合。因此，要理解网络体系结构，就必须了解网络体系结构的分层设计原理和网络协议。

1. 网络协议

协议是为进行网络中的数据交换而建立的规则、约定和标准，是计算机网络实体之间有关通信规则的集合，也称网络协议或通信协议。简单来说，协议就是计算机与计算机之间通过网络实现通信时事先达成的一种"约定"。这种"约定"规定两台计算机之间必须能够支持相同的协议，并遵循相同协议进行处理，才能实现相互通信。

我们举一个简单的例子。有 A、B、C 三个人，A 只会说汉语，B 只会说法语，C 既会说汉语又会说法语。此时，假如 A 与 B 或 A 与 C 要聊天，他们之间应该如何沟通呢？对 A 与 B 来说，由于两人谈话各自所用的语言不同，因此双方无法聊天；对 A 与 C 来说，两人可以约定使用汉语就可以聊天了。在这一过程中，我们可以将汉语和英语作为"协议"，将聊天作为"通信"，将说话的内容作为"数据"，因此，协议如同人们平常说话所用的语言。在计算机与计算机之间通过网络进行通信时，可以认为是依据类似于人类的"语言"实现了相互通信。

协议的三要素是语义、语法和时序，其中，

- 语义规定通信双方彼此"讲什么"，即确定协议元素的类型。

- 语法规定通信双方彼此"如何讲"，即确定协议元素的格式。

- 时序又称"同步"，用于规定事件实现顺序的详细说明，即通信双方动作的时间、速度匹配和事件发生的顺序等。

2. 协议的分层

为了便于理解分层设计的思想，我们以邮政系统的层次结构为例进行说明。如图 1-42 所示，整个通信过程主要涉及三个层次，即发件人系统、邮局系统和运输部门系统。邮政系统中的各种约定都是为了将信件从写信人送到收信人而设计的，也就是说，它们是因信息的流动而产生的。这些约定可以分为两种，一种是同等机构之间的约定，如发件人之间的约定、邮局之间的约定和运输部门之间的约定；另一种是不同机构之间的约定，如发件人与邮局之间的约定、邮局与运输部门之间的约定。

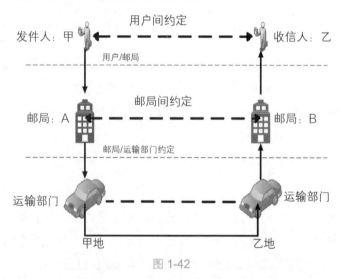

图 1-42

在计算机网络环境中，两台计算机中两个程序之间进行通信的过程与邮政通信的过程十分相似，其中应用程序对应于发件人，计算机中进行通信的进程（也可以是专门的通信处理机）对应于邮局，通信设施对应于运输部门。

不同计算机同等功能层之间的通信规则就是该层使用的协议，如有关第 N 层通信规则的集合就是第 N 层的协议；而同一计算机不同功能层之间的通信规则称为接口（Interface）。对不同的网络来说，它的分层数量、各层的名称和功能以及协议都各不相同。在网络中，对第 N 层协议来说，虽然它不知道上下层的内部结构，但可以使用下层提供的服务独立实现某种功能，并且为上层提供服务，如图 1-43 所示。

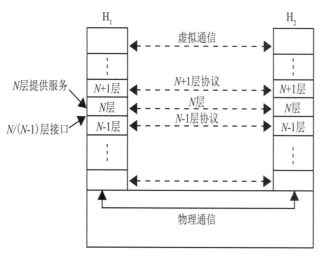

图 1-43

协议分层的优点有以下四个方面。

（1）各层之间相互独立。高层不需要知道低层是如何实现的，只需知道该层通过层间的接口提供服务即可。

（2）灵活性好。某层改变时，只要层间接口不变，就不影响上下层。

（3）结构上可分割。各层都可采用十分合适的技术来实现。

（4）复杂性低，易于排错，具有更好的互操作性。

3. OSI/RM 网络体系结构

随着信息技术的发展，不同结构的计算机网络互联已成为迫切需要解决的问题。为此，许多标准化机构积极开展了网络体系结构标准化方面的工作，其中十分著名的就是 1984 年国际标准化组织（International Standard Organization，ISO）提出的开放系统互连参考模型，即 OSI 参考模型（Open System Interconnection，OSI）。该模型对通信系统进行了标准化，只要遵循 OSI 标准，一个系统就可以与世界上任何地方同样遵循同一标准的其他任何系统进行通信。

OSI 参考模型将计算机网络的通信分成易于理解的 7 层，其中上面 3 层主要与网络应用相关，负责对用户数据进行编码等操作；下面 4 层主要负责网络通信，负责将用户的数据传递到目的地。如图 1-44 所示，从下到上依次为物理层、数据链路层、网络层、传输层、会话层、表示层和应用层。

应用层
表示层
会话层
传输层
网络层
数据链路层
物理层

图 1-44

- 物理层：其主要任务是实现通信双方的物理连接，以比特流（bits）的形式透明地传送数据信息，并向数据链路层提供透明传输服务（透明表示经过实际电路传送，被传送的比特流没有发生任何变化，电路对其并没有产生任何影响）。所有通信设备、主机等网络硬件设备都要按照物理层的标准与规则进行设计并通过物理线路互连，这些都构成计算机网络的基础。物理层建立在传输介质的基础上，是系统和传输介质的物理接口，它是 OSI 模型的最低层。物理层相关连接介质包括线缆、双绞线、光纤、无线；其典型设备包括中继器、集线器。

- 数据链路层：将物理层传来的 0、1 信号组成数据帧的格式，在相邻网络实体之间建立、维持和释放数据链路连接，并传输数据链路服务数据单元。该层负责在传送过程中进行纠错和恢复，将纠错码添加到即将发送的帧中，并对收到的帧进行计算和校验，不完整及有缺陷的帧在该层都将被丢弃。如果能够判断出有缺陷帧的来源，则返回一个错误帧。根据网络规模的不同，数据链路层的协议可分为两类：一类是针对广域网的数据链路层协议，如 HDLC（High Level Data Link Control）、PPP（Point to Point Protocol）等；另一类是局域网中的数据链路层协议，如 MAC（Media Access Control）子层协议和 LLC（Logical Link Control）子层协议。数据链路层所传输的数据称为"帧"，典型设备有网桥和二层交换机（"二层"就是指数据链路层）等。

- 网络层：是 OSI 参考模型中十分重要的一层，其主要功能是完成数据包的寻址和路由选择。在数据链路层中，讨论的是"链路"之间的通信问题，即两台相邻设备之间的通信（相邻是指两设备之间没有其他中间节点）。但是在实际中，两台设备可能相隔甚远，中间可能包含很多段"链路"，网络层负责解决由多条"链路"组成的通信子网的数据传送问题。网络层的功能就是要选择合适的路径转发数据包，使发送方的数据能够正确无误地按目的地址寻找到接收方的路径，并将数据包交给接收方。在网络层，数据传送的单位是包。网络层有一个十分重要的协议就是著名的 IP 协议。

IP 协议把上一层传下来的数据切割封装成 IP 数据包，并将其送入 Internet 进行传输。典型设备有路由器和三层交换机等。

- 传输层：接收上一层发来的数据，并进行分段，建立端到端的连接，保证数据从一端准确传送到另一端。它处于七层体系的中间，向下是通信服务的最高层，向上是用户功能的最低层。传输层负责提供两节点之间数据的可靠传送。当两节点的联系确定之后，传输层负责监督工作。传输层在网络层的基础上提供可靠的"面向连接"和不可靠的"面向无连接"的数据传输服务、差错控制和流量控制。在具有传输层功能的协议中，最主要的两个是 TCP 和 UDP。

- 会话层：用来管理网络设备的会话连接，可细分为以下三个功能。

建立会话：A、B 两台网络设备之间要通信，就要建立一条会话供其使用，在建立会话的过程中也会有身份验证、权限鉴定等环节。

保持会话：当数据传递完成后，OSI 会话层不一定会立刻将这条通信会话断开，它会根据应用程序和应用层的设置对该会话进行维护。

断开会话：当应用程序或应用层规定的超时时间到期后，OSI 会话层才会释放这条会话，或者 A、B 两台网络设备重启、关机、手动执行断开连接的操作时，OSI 会话层也会将 A、B 之间的会话断开。

- 表示层：电脑从网卡收到一串数据时，这些数据在电脑中都是二进制的格式，需要表示层将这些二进制数转换成我们能够识别的数据。表示层的基本功能就是对数据格式进行编译，对收到或发出的数据根据应用层的特征进行处理，如处理文字、图片、音频等，或者对压缩文件进行解压缩、对加密文件进行解密等。

- 应用层：提供各种各样的应用层协议，这些协议嵌入各种应用程序中，为用户与网络之间提供一个沟通的接口。例如，我们要看网页时，只需打开 IE 浏览器，输入一个网址，就可进入相应的网站。这个 IE 浏览器就是用户浏览网页的应用工具，是基于 HTTP 协议开发的，HTTP 是一个应用层的协议。

4. TCP/IP 网络体系结构

虽然 OSI/RM 网络体系结构是国际标准，但是它的层次多，结构复杂，在实际中几乎没有完全遵从 OSI/RM 网络体系结构的协议。目前流行的网络体系结构是 TCP/IP 网络体系结构，它已成为计算机网络体系结构事实上的标准，Internet 就是基于 TCP/IP 网络体系结构建立的。

TCP/IP 网络体系结构分为网络接口层、网络层、传输层、应用层，如图 1-45 所示。

| 应用层 |
| 传输层 |
| 网络层 |
| 网络接口层 |

图 1-45

- 网络接口层：TCP/IP 网络体系结构的最低层。实际上 TCP/IP 网络体系结构没有真正描述这一层的实现，只是要求能够提供给其上层（网络层）一个访问接口，以便在其上传递 IP 分组。由于这一层未被定义，所以其具体的实现方法会随着网络类型的不同而不同。这一层的作用是负责接收从网络层传来的 IP 数据包并将 IP 数据包通过低层物理网络发送出去，或者从低层物理网络上接收物理帧，然后抽出 IP 数据包交给网络层。

- 网络层：与 OSI 网络体系结构中的网络层相当，是整个 TCP/IP 协议栈的核心。它的功能是把分组发往目标网络或主机。同时，为了尽快发送分组，可能需要沿不同的路径同时进行分组传递。因此，分组到达的顺序和发送的顺序可能不同，这就需要上层必须对分组进行排序。该层定义了分组格式和协议，即 IP 协议（Internet Protocol），该层除了需要完成路由的功能，还可以完成将不同类型的网络（异构网）互联的任务。除此之外，网络层还需要完成拥塞控制的功能。

- 传输层：与 OSI 网络体系结构中传输层的作用是一样。在 TCP/IP 网络体系结构中，传输层的功能是在源结点和目的结点的两个进程之间提供可靠的端到端的数据传输。传输层定义了两种服务质量不同的协议，即传输控制协议（Transmission Control Protocol，TCP）和用户数据报协议（User Datagram Protocol，UDP）。

- 应用层：TCP/IP 网络体系结构将 OSI 网络体系结构中的会话层和表示层的功能合并到应用层实现。应用层面向不同的网络应用引入了不同的应用层协议，它主要为用户提供多种网络应用程序，如电子邮件、远程登录等。该层包含了所有高层协议，早期的高层协议有虚拟终端协议（Telnet）、文件传输协议（File Transfer Protocol，FTP）、电子邮件传输协议（Simple Mail Transfer Protocol，SMTP）。Telnet 允许用户登录到远程机器并在其上工作；FTP 提供了将数据从一台机器传送到另一台机器的有效机制；SMTP 用来有效和可靠地传递邮件。随着网络的发展，应用层又加入了许多其他协议，例如，用于将主机名映射到它们的网络地址的域名服务（DNS）中，用于搜索 Internet 上信息的超文本传输协议（HTTP）等。

5. OSI/RM 与 TCP/IP 网络体系结构对比

1）层数不同

OSI/RM 有 7 层，而 TCP/IP 只有 4 层，但两者都有网络层、传输层和应用层，如图 1-46 所示。

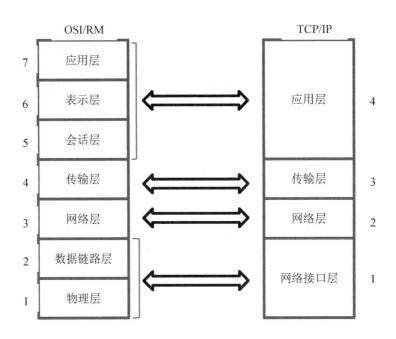

图 1-46

2）服务类型不同

OSI/RM 的网络层提供面向连接和无连接两种服务，而传输层只提供面向连接服务；TCP/IP 在网络层只提供无连接服务，但在传输层可提供面向连接和无连接两种服务。

3）概念区分不同

OSI/RM 明确区分了服务、接口和协议 3 个基本概念。

（1）服务。每一层都为其上层提供服务。服务的概念描述了该层所做的工作，并不涉及服务的实现及上层实体如何访问的问题。

（2）接口。层间接口描述了高层实体如何访问低层实体提供的服务。接口定义了服务访问所需的参数和期望的结果。同样，接口仍然不涉及某层实体的内部机制。

（3）协议。协议是某层的内部事务。只要能够完成该协议必须提供的功能，对等层之间可以采用任何协议，且不影响其他层。

TCP/IP 并不能十分准确地区分服务、接口和协议这些概念。相比 TCP/IP，OSI/RM 中的协议具有更好的隐蔽性，在发生变化时也更容易被替换。

4）通用性不同

OSI/RM 是在其协议被开发之前设计出来的。这意味着 OSI/RM 并不是基于某个特定的协议集而设计的，因而它更具有通用性。但在另一方面，也意味着 OSI/RM 在协议实现方面存在某些不足。

TCP/IP 正好相反，先有 TCP/IP 协议，而 TCP/IP 体系结构只是对现有协议的描述，因而协议与体系结构非常吻合。但是 TCP/IP 体系结构不适合其他协议栈。因此，它在描述其他非 TCP/IP 网络时用处不大。

综上所述，使用 OSI/RM 体系结构可以很好地讨论计算机网络，但是 OSI/RM 协议并未流行。TCP/IP 体系结构正好相反，实际上其体系结构本身并不存在，只是对现存协议的一个归纳和总结，但却被广泛使用。

6. 计算机网络的通信过程

我们以发送邮件为例，分析计算机网络的通信过程，如图 1-47 所示。

1）发送端应用程序的处理

（1）主机 A 启动邮件应用程序，填写收件人邮箱和发送内容，单击"发送"按钮，开始 TCP/IP 通信。

（2）应用程序对发送的内容进行编码处理，这一过程相当于 OSI/RM 的表示层功能。

（3）由主机 A 所使用的邮件软件决定何时建立通信连接、何时发送数据的管理，这一过程相当于 OSI/RM 的会话层功能。

（4）发送时建立连接，并通过 TCP 连接发送数据，其过程是先将应用层数据发送给下一层的 TCP，再进行实际转发处理。

2）发送端 TCP 模块的处理

传输层 TCP 负责建立连接、发送数据及断开连接。TCP 将应用层发来的数据可靠地传输至对端，需要在应用层数据前段加上 TCP 首部（包括源端口号、目标端口号、序列号、校验和），然后才可以将附加了 TCP 首部的包发送给 IP 模块。

3）发送端 IP 模块的处理

IP 层将上层传来的附加 TCP 首部的包当成自己的数据，在该数据前段加上自己的 IP 首部，生成 IP 包；然后参考路由表决定接收此 IP 包的路由或主机，依次发送到对应的路由器或主机网络接口的驱动程序，实现真正地发送数据；最后将 MAC 地址和 IP 地址交给以太网的驱动程序，实现数据传输。

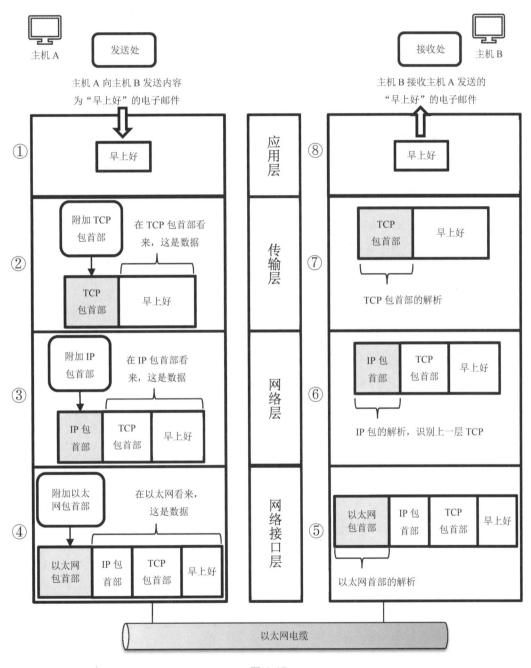

图 1-47

4）发送端网络接口的处理

数据链路层将上层传来的 IP 包附加上以太网首部（包括收发端的 MAC 地址及标志以

太网类型的以太网数据协议）生成以太网数据包，通过物理层传输给接收端。此外，数据链路层还要对该以太网数据包进行发送处理，生成 FCS（Frame Check Sequence）校验序列，由硬件计算添加到包的后面，以判断数据包是否由于噪声而破坏，之后就可以通过物理层传输了，即包的接收处理。

5）接收端网络接口的处理

主机接收到以太网包以后，首先从包首部找到 MAC 地址，判断其是否为发给自己的包，如果不是则丢弃数据。如果是发给自己的包，就查找包首部中的类型域，确定传送过来的数据类型，传给相应的子程序进行处理（若是 IP 类型则传给 IP 处理，若是 ARP 类型则传给 ARP 处理）；若没有对应的类型，则丢弃数据。

6）接收端 IP 模块的处理

IP 模块收到包以后，如果包首部的 IP 地址与自己的 IP 地址匹配，则接收数据并查找上一层协议。如果上一层是 TCP 就传给 TCP 处理，如果上一层是 UDP，就传给 UDP 处理。

7）接收端 TCP 模块的处理

TCP 模块首先会计算校验和判断数据是否被破坏；然后检查是否按照序号接收数据；最后检查端口号，确定具体的应用程序。数据接收完毕后，接收端会给发送端发送一个"确认回执"的消息。如果该信息一直未到达，那么发送端会认为接收端没有接收数据而一直反复发送。数据被完整接收后，会传给由端口号识别的应用程序。

8）接收端应用程序的处理

接收端应用程序会直接接收发送的数据。如果接收正常，会返回"处理正常"的回执，否则会发送相应的错误信息。

现在，接收端主机 B 就可以阅读邮件了。

反思与总结

单元练习

1. 计算机网络利用设备与线路，通过网络软件将多个计算机系统连接起来，达到
（　　）与信息传递的目的。

A．资源共享　　　　　　　　　　B．资源分类

C．信息互联　　　　　　　　　　D．以上都是

2. 计算机网络主要是通过（　　）来分类的。

A．地理范围　网络拓扑　网络组件　传输介质

B．地理范围　网络拓扑　网络组件

C．地理范围　传输介质　网络组件

D．地理范围

3. 早期的计算机网络是由（　　）组成的系统。

A．计算机—通信线路—计算机

B．PC—通信线路—PC

C．终端—通信线路—终端

D．计算机—通信线路—终端

4. 在计算机网络发展过程中，（　　）对计算机网络的形成与发展影响最大。

A．ARPANET　　　　　　　　　B．OCTOPUS

C．DATAPAC　　　　　　　　　D．NOVELL

5. 计算机网络中实现互连的计算机之间是（　　）进行工作的。

A．独立　　　　　　　　　　　　B．并行

C．串行　　　　　　　　　　　　D．相互制约

6. 计算机网络中处理通信控制功能的计算机是（　　）。

A．通信线路　　　　　　　　　　B．终端

C．主计算机　　　　　　　　　　D．通信控制处理机

7. 下列不属于计算机网络功能的是（　　）。

A．资源共享　　　　　　　　　　B．方便联系

C．数据通信　　　　　　　　　　D．综合信息服务

8. 网络按通信范围分为（　　）。

A．局域网　城域网　广域网

B．中继网　广域网　局域网

C. 局域网　以太网　城域网

D. 中继网　以太网　局域网

9. 在 OSI 的七层结构模型中，处于数据链路层与传输层之间的是（　　　）。

A. 物理层

B. 网络层

C. 会话层

D. 表示层

10. 完成路径选择功能是在 OSI 模型的（　　　）。

A. 物理层

B. 数据链路层

C. 网络层

D. 运输层

11. 世界上很多国家都相继组建了自己国家的公用数据网，现有的公用数据网大多采用（　　　）。

A. 分组交换方式

B. 报文交换方式

C. 电路交换方式

D. 空分交换方式

12. 互联网主要由一系列的组件和技术构成，其网络协议的核心是（　　　）。

A. ISP

B. PPP

C. TCP/IP

D. HTTP

13. 在 OSI 的七层结构模型中，工作在第三层以上的网间连接设备是（　　　）。

A. 集线器

B. 网关

C. 网桥

D. 中继器

14. 计算机通信子网技术发展的顺序是（　　　）。

A. ATM→帧中继→电路交换→报文组交换

B. 电路交换→报文组交换→ATM→帧中继

C. 电路交换→报文分组交换→帧中继→ATM

D. 电路交换→帧中继→ATM→报文组交换

15. 下列有关集线器的说法正确的是（　　　）。

A. 集线器只能和工作站相连

B. 利用集线器可将总线形网络转换为星形拓扑

C. 集线器只对信号起传递作用

D. 集线器不能实现网段的隔离

16. 以下关于 TCP/IP 协议的描述中，哪个是错误的（　　　）。

A. TCP/IP 协议属于应用层

B. TCP 和 UDP 协议都要通过 IP 协议来发送、接收数据

C．TCP 协议可提供可靠的面向连接服务

D．UDP 协议可提供简单的无连接服务

17．关于路由器，下列说法中正确的是（　　　）。

A．路由器处理的信息量比交换机少，因而其转发速度比交换机的转发速度快

B．对于同一目标，路由器只提供延迟最小的最佳路由

C．通常的路由器可以支持多种网络层协议，并提供不同协议之间的分组转换

D．路由器不但能够根据逻辑地址进行转发，而且可以根据物理地址进行转发

18．数据解封装的过程是（　　　）。

A．段—包—帧—流—数据

B．流—帧—包—段—数据

C．数据—包—段—帧—流

D．数据—段—包—帧—流

单元二

组建局域网

【知识目标】

1. 了解对等网的组网模式。

2. 了解交换式以太网的特点及交换机的工作原理。

3. 了解虚拟局域网的原理及特点。

4. 了解无线局域网的基本结构和主要设备。

扫一扫，看微课
任务 1

【技能目标】

1. 掌握对等网的组建和使用方法，实现网络资源共享。

2. 掌握以太网的常用组建设备，使用交换机组建交换式以太网。

3. 掌握虚拟局域网配置方法。

扫一扫，看微课
任务 2

扫一扫，看微课
任务 3

4. 掌握中小型无线局域网的组建方法。

【素养目标】

1. 通过实际应用，培养学生分析问题和解决问题的能力。

2. 通过任务分解，培养学生沟通与协作的能力。

3. 通过示范作用，培养学生严谨细致的工作态度和工作作风。

扫一扫，看微课
任务 4

 教学导航

知识重点	1．对等网的组网模式 2．交换机的工作原理 3．虚拟局域网的原理及特点 4．无线局域网的基本结构
知识难点	1．对等网的资源共享和使用方法 2．虚拟局域网的配置方法 3．无线控制器（AC）的配置方法
推荐教学方式	从工作任务入手，通过搭建对等网、中小型局域网、虚拟局域网和无线局域网，让学生从直观到抽象，逐步理解并掌握局域网的技术特点和组网方式
建议学时	12 学时
推荐学习方法	动手完成任务，在任务中逐步理解并掌握局域网的技术特点和组网方式

任务 1　组建对等网

【任务目标】

教学
操作
视频

1．掌握对等网的组网模式。

2．掌握对等网的资源共享和使用方法。

3．使用 Windows 10 操作系统组建对等网，实现网络资源共享。

【任务场景】

学校经济管理学院实训办公室有三名实验老师，配备了三台计算机。为了方便资源共享，需要组建一个经济实用的小型办公网络。在学校信息网络中心实习的小张负责完成这个任务。小张仔细分析任务需求，此办公网络规模小、结构简单、费用低廉，容易管理和维护，决定采用对等网的模式组建这个办公网络。

【任务环境】

小张部署了办公网络基础架构，如图 2-1 所示。

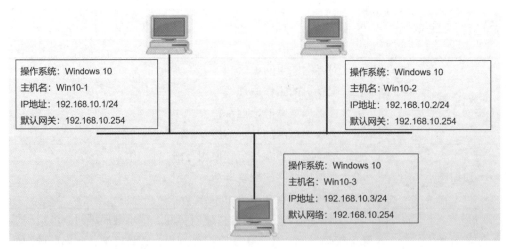

图 2-1

【任务实施】

1. 使用 VMware 创建虚拟机

（1）从"开始"菜单单击"VMware Workstation"运行虚拟机。在 VMware Workstation 窗口中单击"创建新的虚拟机"按钮，如图 2-2 所示，打开"新建虚拟机向导"对话框。

图 2-2

（2）在"欢迎使用新建虚拟机向导"界面，选择"典型（推荐）"选项，单击"下一步"按钮。

（3）在"安装客户机操作系统"界面，选择"稍后安装操作系统"选项，单击"下一步"按钮。

（4）在"选择客户机操作系统"界面的"客户机操作系统"区域选择"Microsoft Windows"单选按钮，然后单击"版本"区域的下拉按钮，在弹出的下拉列表中选择"Windows 10"选项，然后单击"下一步"按钮，如图2-3所示。

图 2-3

（5）在"命名虚拟机"界面，为新建的虚拟机创建名称和指定虚拟机文件保存在物理机的位置（可以根据实际情况自定义），这里创建虚拟机的名称为Win10-1，指定其保存位置为F:\Win10-1，单击"下一步"按钮，如图2-4所示。

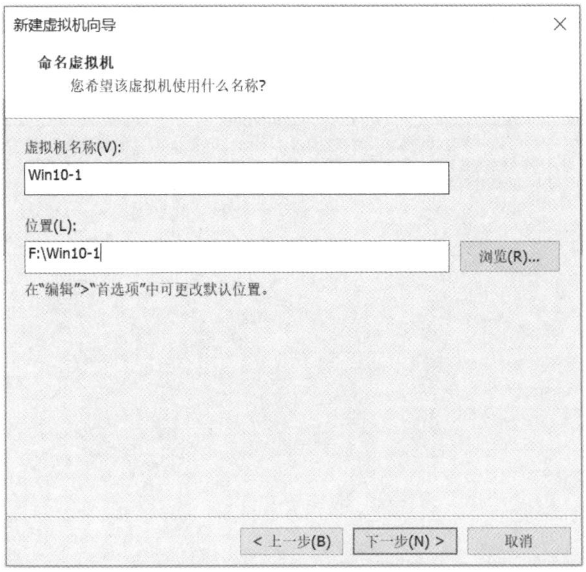

图 2-4

（6）在"指定磁盘容量"界面，为虚拟机指定 60GB 的硬盘空间，并单击"虚拟磁盘拆分为多个文件"单选按钮（虚拟机磁盘的大小，可以根据个人需要增大或减少，但不要少于系统安装的最低要求），单击"下一步"按钮。

（7）在"已准备好创建虚拟机"界面按照默认设置单击"完成"按钮。

（8）VMware 根据定制的硬件要求创建了一个全新的虚拟机 Win10-1。

（9）按上述步骤，创建虚拟机 Win10-2 和 Win10-3。

2．为虚拟机安装 Windows 10 操作系统

（1）将 Windows 10 操作系统安装镜像文件放入虚拟机光驱中，在 VMware Workstation 平台上单击"开启此虚拟机"链接，开启虚拟机。虚拟机检测硬件完成后，弹出 Windows 系统安装的预加载界面。

（2）预加载完成后，需要选择安装的语言、时间格式和键盘类型等信息，在一般情况下，直接采用系统默认的中文设置即可。单击"下一步"按钮继续操作。

（3）在"Windows 安装程序"界面，单击"现在安装"按钮，继续进行 Windows 10 操作系统的安装流程。

（4）在"选择要安装的系统"界面，选择"Windows 10 专业版"，单击"下一步"按钮。

（5）进入"适用的声明和许可条款"界面，阅读许可条款后，勾选"我接受许可条款"复选框，同意安装 Windows 10 操作系统的许可条款，然后单击"下一步"按钮，如图 2-5 所示。

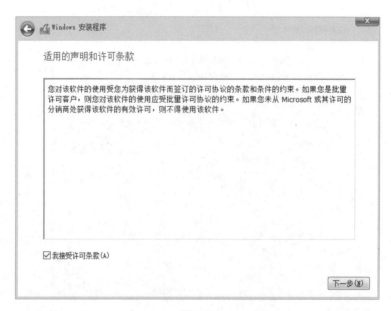

图 2-5

（6）在"你想执行哪种类型的安装"界面，单击"自定义：仅安装 Windows（高级）"命令安装 Windows 10 操作系统。

（7）持续单击"下一步"按钮，进入系统安装。完成 Windows 10 操作系统的安装后，计算机会重新启动，进入基本设置。在基本设置中完成网络、账户和服务等基本参数设置后，进入 Windows 10 操作系统界面，如图 2-6 所示。

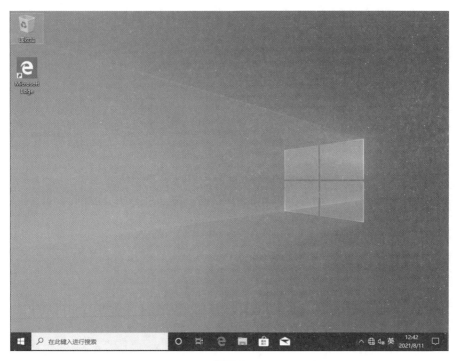

图 2-6

（8）按上述步骤，在 Win10-2 和 Win10-3 虚拟机上完成 Windows 10 操作系统的安装。

3．配置主机 IP 地址

（1）在 Win10-1 主机上依次单击"开始"→"设置"→"网络和 Internet"命令，打开"网络和 Internet"界面。

（2）在"网络和 Internet"界面，依次单击"以太网"→"更改适配器选项"命令，打开"网络连接"对话框。

（3）在"网络连接"对话框中，双击"Ethernet0"，打开"Ethernet0 状态"对话框。

（4）在"Ethernet0 状态"对话框中，单击"属性"按钮，打开"Ethernet0 属性"对话框后，双击"Internet 协议版本 4（TCP/IPv4）"，打开"Internet 协议版本 4（TCP/IPv4）属性"对话框，设置在 Win10-1 主机的 IP 地址，如图 2-7 所示。

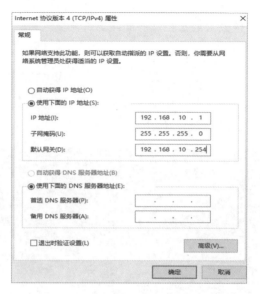

图 2-7

（5）按照上述步骤，在 Win10-2 和 Win10-3 虚拟机上完成 IP 地址的设置。

4．启用来宾账户

（1）依次单击"开始"→"Windows 管理工具→"计算机管理"命令，打开"计算机管理"窗口。

（2）打开"本地用户和组"节点，选择"用户"选项后单击界面右侧窗口中的"Guest"命令，打开"Guest 属性"对话框，如图 2-8 所示。

图 2-8

（3）打开"常规"选项卡，取消勾选"帐户①已禁用"复选框，单击"确定"按钮，至此来宾账户启用设置完毕。

（4）按照上述步骤，在 Win10-2 和 Win10-3 虚拟机上启用来宾账户。

5．设置组策略

（1）依次单击"开始"→"Windows 管理工具"→"本地安全策略"命令，打开"本地安全策略"窗口，如图 2-9 所示。

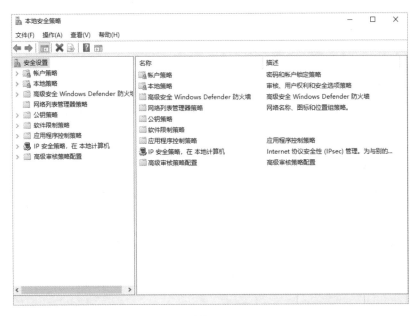

图 2-9

（2）在"安全设置"区域选择"本地策略"选项，打开"本地策略"窗口，双击"用户权限分配"，在界面右侧窗口中双击"拒绝从网络访问这台计算机"服务，打开"拒绝从网络访问这台计算机 属性"对话框，如图 2-10 所示。

（3）打开"本地安全设置"选项卡，选择"Guest"账户后单击"删除"按钮，删除"Guest"账户，然后单击"确定"按钮，至此可以使用 Guest 账户从网络访问这台计算机。

（4）再次打开"本地策略"窗口，双击"安全选项"，在界面右侧窗口中双击"网络访问：本地账户的共享和安全模型"选项，打开"网络访问：本地账户的共享和安全模型 属性"对话框，如图 2-11 所示。在"本地安全设置"选项卡中，选择下拉列表中的"仅来宾-对本地用户进行身份验证，其身份为来宾"选项，单击"确定"按钮。至此，组策略设置完毕。

---

① 本书软件图中"帐户"的正确写法为"账户"。

图 2-10

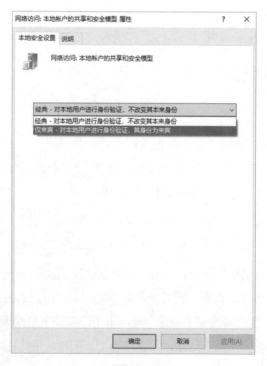

图 2-11

（5）按照上述步骤，在 Win10-2 和 Win10-3 虚拟机上设置组策略。

6. 设置共享文件夹

（1）在 Win10-1 主机上选择文件夹（如"资源"文件夹）并右击，在弹出的快捷菜单中选择"属性"选项，弹出"本地磁盘属性"对话框，如图 2-12 所示。打开"共享"选项卡，单击"高级共享"按钮，弹出"高级共享"对话框。勾选"共享此文件夹"复选框，如图 2-13 所示。单击"权限"按钮，弹出"资源的权限"对话框，为"Everyone"组选择控制权限（如完全控制权限），如图 2-14 所示，单击"确定"按钮。至此完成共享文件夹的设置。

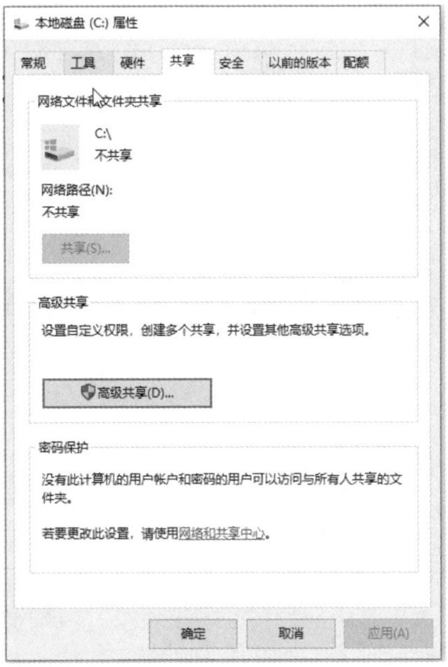

图 2-12

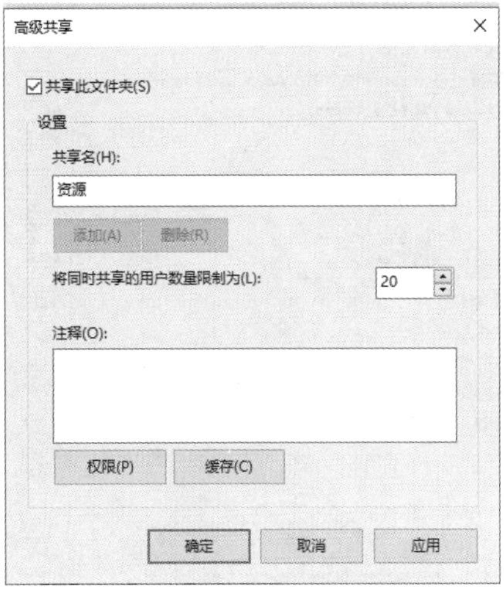

图 2-13

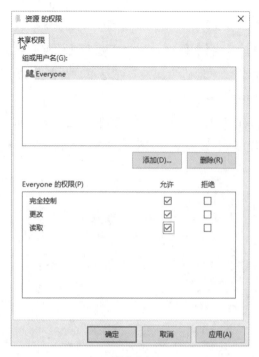

图 2-14

（2）在图 2-12 所示的界面中，打开"安全"选项卡，单击"编辑"按钮，如图 2-15 所示，添加"Everyone"组后，单击"确定"按钮。

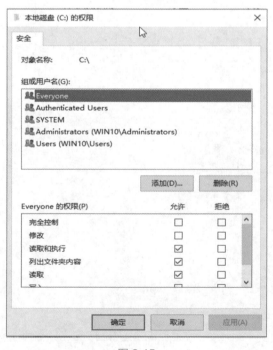

图 2-15

7. 搜索共享资源

在 Win10-1 主机上，双击桌面上的"网络"图标，打开"网络"窗口，此时可以看到在同一网段同一工作组的所有计算机图标，如图 2-16 所示。

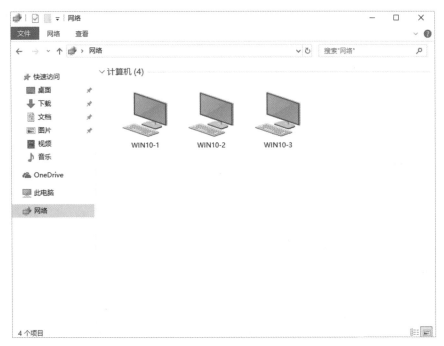

图 2-16

注意：

如果搜索共享资源的过程中不能看到计算机图标，可依次单击"控制面板"→"程序"→"启用或关闭 Windows 功能"命令，打开"Windows 功能"对话框，勾选"SMB 1.0/CIFS 文件共享支持"复选框后，单击"确定"按钮。系统提示需要重启生效，在重新启动系统后局域网共享即可恢复正常。

　【相关知识】

1. 局域网

局域网（Local Area Network，LAN）产生于 20 世纪 70 年代。随着微型计算机的发展和流行、计算机网络应用的不断深入和扩大，以及人们对信息交流、资源共享和高宽带的需求，人们对局域网提出了更高的要求，局域网技术已是当前研究与产业发展的热点问题之一。

1）局域网的特点

局域网可以由办公室内的两台计算机组成，也可以由一个公司内的上千台计算机组成。从应用的角度来看，局域网有以下特点。

（1）覆盖有限的地理范围，适用于校园、机关、公司和工厂等有限范围内计算机与各类设备联网的需求。

（2）提供高传输速率，一般为 100～1000Mb/s，光纤可达 1000Mb/s，甚至 10 000Mb/s。

（3）提供传输质量好、低误码率、高质量信息的传输环境。

（4）决定局域网技术的要素为网络拓扑、传输介质和介质访问控制方法。

（5）局域网内的设备之间连接，使用有规则网络拓扑结构。

（6）局域网一般属于一个单位所有，易于建立、维护、管理与扩展。

2）局域网系统组成

局域网由硬件系统和软件系统组成，它们互相协作，完成网络资源共享和数据通信。硬件系统主要由终端设备、网络连接设备和网络传输介质构成。软件系统主要包括操作系统软件和网络协议。

（1）终端设备：终端设备主要包括服务器和客户机。服务器负责数据的存储与管理，客户机负责完成与用户的交互任务。客户机通过局域网与服务器相连，接收用户的请求，并通过网络向服务器提出请求，对数据库进行操作。服务器接收客户机的请求，将数据提交给客户机，客户机将数据进行计算并将结果呈现给用户。服务器还要提供完善安全保护及对数据完整性的处理等操作，并允许多个客户机同时访问服务器。

（2）网络连接设备：网络连接设备是把网络中的通信线路连接起来的各种设备的总称。局域网的网络连接设备主要包括网卡、交换机和路由器。

① 网卡：又称网络适配器（NTC），是计算机和局域网连接的接口，可以实现资源共享和通信，其主要功能包括：数据的封装与解封、链路管理和数据编码与译码。目前主流的网卡主要有 100Mb/s 网卡、100/1000Mb/s 自适应网卡、1000Mb/s 网卡。

② 交换机：又称以太网交换机，工作于 OSI 网络参考模型的第二层（即数据链路层），是一种基于 MAC（Media Access Control，介质访问控制）地址识别，实现局域网数据帧转发的网络设备，其功能主要包括物理编址、错误校验、帧序列及流控。交换机还具备一些新的功能，如对 VLAN（虚拟局域网）的支持、对链路汇聚的支持，甚至有的还具有防火墙的功能。

③ 路由器：是连接两个或多个网络的硬件设备，在网络间起网关的作用，是读取每一个数据包中的地址然后决定如何传送的专用智能性的网络设备。它能够理解不同的协议，例如，某个局域网使用的以太网协议，Internet 使用的 TCP/IP 协议。路由器可以分析各种不同类型的网络传来数据包的目的地址，把非 TCP/IP 网络的地址转换成 TCP/IP 地址，或者反之。路由器的主要功能包括：连接网络、数据处理和网络管理。

（3）网络传输介质：网络传输介质是指在网络中传输信息的载体，常用的网络传输介质分为有线传输介质和无线传输介质。有线传输介质包括双绞线、光纤和同轴电缆，无线传输介质包括无线电波、微波、红外线、激光等。

① 双绞线：简称 TP，将一对以上的双绞线封装在一个绝缘外套中，为了降低信号的干扰程度，电缆中的每一对双绞线一般是由两根绝缘铜导线相互扭绕而成的，也因此把它称为双绞线。双绞线分为非屏蔽双绞线（UTP）和屏蔽双绞线（STP），其中非屏蔽双绞线价格便宜，传输速度偏低，抗干扰能力较差；屏蔽双绞线抗干扰能力较好，具有更高的传输速度，但价格相对较贵。

② 光纤：又称光缆或光导纤维，由光导纤维纤芯、玻璃网层和能吸收光线的外壳组成。光纤应用光学原理，由光发送机产生光束，将电信号变为光信号，再把光信号导入光纤，在另一端由光接收机接收光纤上传来的光信号，并把它变为电信号，经解码后再处理。与其他传输介质比较，光纤的电磁绝缘性能好，信号衰减小，频带宽，传输速度快，传输距离大。

③ 同轴电缆：由绕在同一轴线上的两个导体组成，具有抗干扰能力强、连接简单等特点，其信息传输速度可达每秒几百兆位。同轴电缆有两种：一种为 75 欧阻抗的同轴电缆；另一种为 50 欧阻抗的同轴电缆。75 欧阻抗的同轴电缆常用于 CATV（有线电视网），其传输带宽可达 1Gb/s。50 欧阻抗的同轴电缆常用于基带信号传输，传输带宽为 1～20Mb/s。由于受到双绞线的强大冲击，同轴电缆已经逐步退出局域网布线的行列。

④ 无线传输介质：由于各种各样的电磁波都可以用来承载信号，所以电磁波被认为是一种介质。电磁波按频率从低到高可以分为无线电波、微波、红外线。无线传输介质不像有线传输介质受限于导体或路径，无线传输介质是所有介质中可移动性最大的介质，使用无线传输介质的设备数量也不断增加。无线传输介质已成为家庭网络的首选介质，无线连接在企业网络中也迅速受到欢迎。

（4）局域网软件系统：如同计算机只有硬件没有软件则既不能启动又无法运行一样，没有局域网操作系统和网络协议的网络，也无法实现网络中设备之间的彼此通信。局域网软件系统主要包括操作系统软件和网络协议。

① 操作系统软件：在局域网底层所提供的数据传输能力的基础上，为高层网络用户提供共享资源管理和其他网络服务功能的局域网系统软件，如 Windows Server 2019 等。

② 网络协议：用来协调不同网络设备间的信息交换。网络协议能够建立起一套有效的机制，每个设备均可据此识别出其他设备传输的含义。常用局域网的网络协议有 TCP/IP 协议、IPX/SPX 协议、NetBEUI 协议等。

2. 对等网

对等网（Peer-to-Peer Network），顾名思义，网络中各主机既是网络服务提供者（即服务器），又是网络服务申请者（即客户机）。对等网中每一台计算机都处于同等（对等）的地位，计算机相互之间像平等的伙伴或对等体一样。

作为对等体，每台计算机都可以起客户机的作用，也可以起服务器的作用，即对等网中没有专用的服务器。例如，在某个时刻，计算 A 可能向计算机 B 发出关于某个文件的请求。作为响应，计算机 B 给计算机 A 提供文件，在这个过程中计算机 A 起客户机的作用，计算机 B 起服务器的作用。在此之后，计算机 A 和计算机 B 可以交换角色，计算机 B 作为客户机，向连接共享打印机的计算机 A 发出打印请求。而计算机 A 作为服务器，响应来自计算机 B 的请求。这时计算机 A 起服务器的作用，计算机 B 起客户机的作用。在整个过程中，计算机 A 和计算机 B 之间是对等关系。

对等网适用于站点不多、网络规模较小的单位或部门，如家庭、学生宿舍和办公室等，连接的计算机数量最好不超过 10 台。如果连接到对等网的计算机超过 10 台，这个网络系统的性能会有所降低。建立对等网的主要目的是实现简单的资源共享和信息传输。

1）对等网的优点

对等网能够提供灵活的资源共享方式，其组网简单、方便、利于管理，其优点包括以下几个方面。

（1）对等网容易组建与维护。对等网由一组装有操作系统（如 Windows 10）的客户机组成，建立一个对等网只需安装局域网最基本的网络设备和传输介质，如交换机、网卡、双绞线等设备。

（2）对等网组建和维护的成本较低。在对等网中无须配置专门的服务器，免去了服务器管理及购买服务器和外设（如 UPS）的成本。

（3）对等网具有更大的容错性。在对等网中，单台机器出现故障，不会影响整个网络的运行。但是在 C/S（客户机/服务器）模式和 B/S（浏览器/服务器）模式中，一旦服务器出现故障，网络中相应的服务都会停止。

2）对等网的缺点

对等网的缺点也是相当明显的，主要有数据保密性差、文件管理分散、计算机资源占用大，具体包括以下几个方面。

（1）共享资源的可用性不稳定。如果对等网中某台机器关机，则网络上的其他用户将无法使用该机器上的资源。

（2）文件管理散乱。由于缺少中心存储器，资源分散在各个客户机上，无法对资源进行统一管理。因此在对等网上，用户无法精确知道所需资源存储在什么位置，只能在一台客户机中查询所需信息，降低了使用效率。

（3）安全性能难以保证。每个用户控制对其计算机上资源的访问，也就意味着安全性难以保证。采用 C/S 网络模式可以克服对等网安全性难以保证的缺点。

（4）对等网的访问速度受网络中计算机数量的影响。当对等网中计算机数量少时，对等网能够良好的工作。随着网络规模的增大，对等网关系变得越发难以协调和管理。由于扩展性不强，对等网的效率随着网络中计算机数量的增加而下降。

3．IP 地址

在网络通信时，必须给每台主机和路由器配置正确且唯一的 IP 地址。IP 地址目前分为 IPv4 和 IPv6 两种版本，其中 IPv4 是主流版本，如无特殊说明，通常所说的 IP 地址一般指 IPv4 地址，而 IPv6 是为下一代 IP 协议设计的新版本。

1）IPv4 地址结构

IPv4 地址由 32 位二进制数来表示。IP 地址在计算机内部以二进制方式被处理，然而，由于二进制数特别冗长，不便于书写和记忆，需要采用一种特殊的标记方式，那就是将 32 位的 IP 地址以每 8 位为一组，分成 4 组，每组以 "." 隔开，再将每组数转换为十进制数。这种方法称为"点分十进制"表示方法，例如，二进制 IP 地址：11000000.10101000.00000011.01100100，可以用十进制数表示为：192.168.3.100。

IPv4 地址由网络部分和主机部分组成。网络部分唯一标识了一条物理链路或逻辑链路，对与该链路相连的所有设备来说网络部分是共同的。而主机部分唯一标识了该链路上连接的具体设备。

2）IPv4 地址分类

根据网络规模的大小，可将 IPv4 地址分为 5 类，如表 2-1 所示。

表 2-1

地 址 类 型	高 8 位数值的表示	网络地址范围	主机地址个数
A 类	0XXXXXXX	1～126	$2^{24}-2$
B 类	10XXXXXX	128～191	$2^{16}-2$
C 类	110XXXXX	192～223	$2^{8}-2$
D 类	1110XXXX	224～239	—
E 类	11110XXX	240～255	—

A 类地址：第 1 位为 "0"，第 2 位到第 8 位为网络部分。A 类地址的后 24 位为主机部分，因此，一个网段内可容纳的主机地址数量最多为 $2^{24}-2=16777214$ 个。A 类地址主要用于拥有大量主机的网络编址。

B 类地址：前 2 位为 "10"，第 3 位到第 16 位为网络部分。B 类地址的后 16 位为主机部分，因此，一个网段内可容纳的主机地址数量最多为 $2^{16}-2=65534$ 个。B 类地址主要用于中等规模的网络编址。

C 类地址：前 3 位为 "110"，第 4 位到第 24 位为网络部分。C 类地址的后 8 位为主机部分，因此，一个网段内可容纳的主机地址数量最多为 $2^{8}-2=254$ 个。C 类地址主要用于小型局域网编址。

D 类地址：前 4 位为 "1110"，剩余位数全为网络部分，D 类地址没有主机地址，常用于多播或网络测试。

E 类地址：前 5 位为 "11110"，剩余位数全为网络部分，E 类地址不是用来分配给用户使用的，只是用来进行实验的。

3）特殊的 IPv4 地址

在 IPv4 地址中，有一些地址被赋予特殊的用途。

（1）环回地址：以 127 开始的 IP 地址称为环回地址或回送地址，主要用于对本地回路测试及实现本地进程间的通信。在实际中经常使用的环回地址为 127.0.0.1，它还有一个别名：localhost。

（2）网络地址：主机部分全为 0 的 IP 地址称为网络地址，网络地址不分配给单个主机，而是作为网络本身的标识。例如，主机 202.111.44.136 是一个 C 类地址，主机部分为最后 8 位，它的网络地址为 202.111.44.0。

（3）广播地址：主机部分全为 1 的 IP 地址称为广播地址。广播地址专门用于同时向网络中的所有主机发送数据。该报文将被分发给该网段上的所有设备。例如，当一个 B 类地址 134.34.6.2 的主机发出一个目的地址为 134.34.255.255 的报文，该报文将被 134.34.0.0 网段上的所有设备接收。

广播地址又分为直接广播地址和有限广播地址。直接广播地址是指 IP 地址的网络部分固定，主机部分全为 1 的 IP 地址。以该地址为目的地址的 IP 报文将会被路由器转发给特定网络上的每台主机。有限广播地址是指网络部分和主机部分全为 1 的地址，即 255.255.255.255，此类广播不被路由器转发，但会被发送到本地网络的所有主机上。

（4）公有地址和私有地址：一般 IP 地址是由 IANA（Internet Assigned Numbers Authority，Internet 地址授权委员会）统一管理并分配给提出注册申请的组织机构，这类 IP 地址称为公有地址，通过它可以直接访问 Internet。私有地址属于非注册地址，专门为组织机构内部使用。私有地址包含三段。

A 类：10.0.0.0~10.255.255.255

B 类：172.16.0.0~172.31.255.255

C 类：192.168.0.0~192.168.255.255

4）子网掩码

子网掩码的格式与 IP 地址一样，也是由 32 位的二进制数组成的，不同的是它是由连续的"1"和连续的"0"组成的，为了方便使用，子网掩码也用点分十进制的方式表示。子网掩码对应的 IP 地址中网络部分全部为"1"，对应的主机部分则全部为"0"。例如，

A 类子网掩码为 11111111.00000000.00000000.00000000，用十进制数表示为 255.0.0.0；

B 类子网掩码为 11111111.11111111.00000000.00000000，用十进制数表示为 255.255.0.0；

C 类子网掩码为 11111111.11111111.11111111.00000000，用十进制数表示为 255.255.255.0。

每个 IP 地址都对应一个子网掩码。把 IP 地址与子网掩码按位进行二进制"与"操作，得到的就是该地址的网络地址。如果两台主机的网络地址相同就表示它们在同一网段，可以直接通信，不需要路由器的转发。

4. 物理地址

物理地址也称硬件地址，是指固化在网卡 EPROM 中的地址。物理地址由 6 个字节组成。IEEE 注册委员会为每一个生产厂商分配物理地址的前三字节，即公司标识。后面三字节由厂商自行分配。一块网卡对应一个物理地址。例如，固化在网卡中的地址为 002514895423，将这块网卡插到主机 A 中，主机 A 的物理地址就是 002514895423。不管这台计算机移到什么位置，它的物理地址就是 002514895423，不会发生改变，而且不会和任何一台计算机相同。当主机 A 发送数据帧时，网卡执行发送程序直接将这个地址作为源地址写入该帧。当主机 A 接收数据帧时，直接将这个地址与数据帧中的目的物理地址进行比较，以决定是否接收该帧。物理地址一般记为 00-25-14-89-54-23（主机 A 的地址是002514895423）。

任务 2   组建中小型局域网

【任务目标】

教学
操作
视频

1. 了解交换式局域网的工作原理。
2. 掌握交换机的基本配置方法。

【任务场景】

学校新成立的大数据研究中心对网络环境要求严格，所有办公人员使用指定的计算机工作。为防止员工或访客使用个人计算机接入大数据研究中心的网络，信息网络中心计划使用基于端口的安全策略组建大数据研究中心的网络。信息网络中心的李工程师带领小张同学一起完成这个网络构建任务。他们选用了华为可网管交换机作为接入设备。出于安全考虑，在交换机的端口上绑定指定计算机的 MAC 地址，防止非法计算机的接入。

【任务环境】

大数据研究中心的网络拓扑如图 2-17 所示，其端口规划表如表 2-2 所示，IP 地址规划表如表 2-3 所示。

表 2-2

本 端 设 备	端　口　号	对 端 设 备
SW1	Ethernet 0/0/1	PC1
SW1	Ethernet 0/0/2	PC2
SW1	Ethernet 0/0/3	PC3
SW1	Ethernet 0/0/4	PC4

表 2-3

终 端 设 备	IP 地 址	默 认 网 关	MAC 地 址
PC1	192.168.1.1/24	192.168.1.254	54-89-98-9F-31-A7
PC2	192.168.1.2/24	192.168.1.254	54-89-98-57-4A-41
PC3	192.168.1.3/24	192.168.1.254	54-89-98-72-4E-D5
PC4	192.168.1.4/24	192.168.1.254	54-89-98-59-5E-07

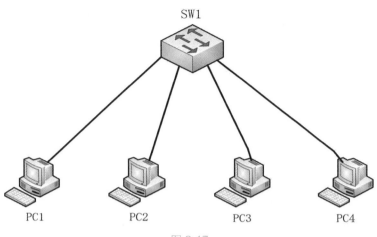

图 2-17

【任务实施】

1．查看计算机本地 MAC 地址

按表 2-3 为 PC1～PC4 配置 IP 地址，并在计算机命令行模式下使用 ipconfig 查看相应的 MAC 地址。

（1）使用 ipconfig 命令查看 PC1 的配置，命令及显示结果如下所示。

```
PC>ipconfig
  Link local IPv6 address......:fe80::5689:98ff:fe9f:31a7
  IPv6 address......................: :: / 128
  IPv6 gateway......................: ::
  IPv4 address......................: 192.168.1.1
  Subnet mask.......................: 255.255.255.0
  Gateway...........................: 192.168.1.254
  Physical address..................: 54-89-98-9F-31-A7
  DNS server........................:
```

（2）使用 ipconfig 命令查看 PC2 的配置，命令及显示结果如下所示。

```
PC>ipconfig
  Link local IPv6 address.....: fe80::5689:98ff:fe57:4a41
  IPv6 address......................: :: / 128
  IPv6 gateway......................: ::
  IPv4 address......................: 192.168.1.2
  Subnet mask.......................: 255.255.255.0
  Gateway...........................: 192.168.1.254
  Physical address..................: 54-89-98-57-4A-41
  DNS server........................:
```

（3）使用 ipconfig 命令查看 PC3 的配置，命令及显示结果如下所示。

```
PC>ipconfig
   Link local IPv6 address......: fe80::5689:98ff:fe72:4ed5
   IPv6 address.....................: :: / 128
   IPv6 gateway....................: ::
   IPv4 address....................: 192.168.1.3
   Subnet mask.....................: 255.255.255.0
   Gateway.........................: 192.168.1.254
   Physical address................: 54-89-98-72-4E-D5
   DNS server......................:
```

（4）使用 ipconfig 命令查看 PC4 的配置，命令及显示结果如下所示。

```
PC>ipconfig
   Link local IPv6 address.......: fe80::5689:98ff:fe8a:5e07
   IPv6 address.....................: :: / 128
   IPv6 gateway....................: ::
   IPv4 address....................: 192.168.1.4
   Subnet mask.....................: 255.255.255.0
   Gateway.........................: 192.168.1.254
   Physical address................: 54-89-98-59-5E-07
   DNS server......................:
```

2. 查看 MAC 地址所在的交换机端口

在交换机上使用 display mac-address 命令，查看交换机与计算机之间连接的端口所对应的 MAC 地址，命令及显示结果如下所示。

```
<Huawei>system-view
[Huawei]display mac-address
MAC address table of slot 0:
------------------------------------------------------------------------------
MAC Address     VLAN/      PEVLAN CEVLAN Port         Type    LSP/LSR-ID
                VSI/SI                                        MAC-Tunnel
------------------------------------------------------------------------------
5489-989f-31a7 1           -      -      Eth0/0/1      dynamic 0/-
5489-9857-4a41 1           -      -      Eth0/0/2      dynamic 0/-
5489-9872-4ed5 1           -      -      Eth0/0/3      dynamic 0/-
5489-9859-5e07 1           -      -      Eth0/0/4      dynamic 0/-
------------------------------------------------------------------------------
Total matching items on slot 0 displayed = 4
```

3. 开启该交换机端口安全功能

在交换机端口开启端口安全功能，将 MAC 地址绑定到相对应的接口中，并在 VLAN1

上有效，配置命令如下所示。

```
[SW1]interface Eth0/0/1
[SW1-Ethernet0/0/1]port-security enable
[SW1-Ethernet0/0/1]port-security mac-address sticky
[SW1-Ethernet0/0/1]port-security mac-address sticky 5489-989f-31a7 vlan 1
[SW1]interface Eth0/0/2
[SW1-Ethernet0/0/2]port-security enable
[SW1-Ethernet0/0/2]port-security mac-address sticky
[SW1-Ethernet0/0/2]port-security mac-address sticky 5489-9857-4a41 vlan 1
[SW1]interface Eth0/0/3
[SW1-Ethernet0/0/3]port-security enable
[SW1-Ethernet0/0/3]port-security mac-address sticky
[SW1-Ethernet0/0/3]port-security mac-address sticky 5489-9872-4ed5 vlan 1
[SW1]interface Eth0/0/4
[SW1-Ethernet0/0/4]port-security enable
[SW1-Ethernet0/0/4]port-security mac-address sticky
[SW1-Ethernet0/0/4]port-security mac-address sticky 5489-9859-5e07 vlan 1
```

4. 任务验证

1）在交换机上查看配置是否生效

在交换机上使用 display mac-address 命令，查看交换机与计算机之间连接的端口类型是否变为 sticky，命令及显示结果如下所示。

```
[SW1]display mac-address
MAC address table of slot 0:
-------------------------------------------------------------------
MAC Address    VLAN/      PEVLAN CEVLAN Port        Type  LSP/LSR-ID
               VSI/SI                               MAC-Tunnel
-------------------------------------------------------------------
5489-9859-5e07 1          -      -      Eth0/0/4    sticky  -
5489-989f-31a7 1          -      -      Eth0/0/1    sticky  -
5489-9872-4ed5 1          -      -      Eth0/0/3    sticky  -
5489-9857-4a41 1          -      -      Eth0/0/2    sticky  -
-------------------------------------------------------------------
Total matching items on slot 0 displayed = 4
```

2）测试计算机间的互通性

使用 Ping 命令测试 PC1 到 PC3 之间的连通性，命令及显示结果如下所示。

```
PC>ping 192.168.1.3
Ping 192.168.1.3: 32 data bytes, Press Ctrl_C to break
From 192.168.1.3: bytes=32 seq=1 ttl=128 time=47 ms
```

```
From 192.168.1.3: bytes=32 seq=2 ttl=128 time=47 ms
From 192.168.1.3: bytes=32 seq=3 ttl=128 time=62 ms
From 192.168.1.3: bytes=32 seq=4 ttl=128 time=63 ms
From 192.168.1.3: bytes=32 seq=5 ttl=128 time=31 ms

--- 192.168.1.3 ping statistics ---
 5 packet(s) transmitted
 5 packet(s) received
 0.00% packet loss
round-trip min/avg/max = 31/50/63 ms
```

3）更换计算机，测试互通性

在交换机上将 PC3 和 PC4 的连接端口互换，即 PC3 连接端口为 Ethernet 0/0/4，PC4 的连接端口为 Ethernet 0/0/3，使用 Ping 命令，测试 PC1 到 PC3 之间的连通性，命令及显示结果如下所示。

```
PC>ping 192.168.1.3

Ping 192.168.1.3: 32 data bytes, Press Ctrl_C to break
From 192.168.1.1: Destination host unreachable
From 192.168.1.1: Destination host unreachable
From 192.168.1.1: Destination host unreachable
From 192.168.1.1: Destination host unreachable
From 192.168.1.1: Destination host unreachable

--- 192.168.1.3 ping statistics ---
 5 packet(s) transmitted
 0 packet(s) received
100.00% packet loss
```

由于交换机开启端口安全功能，所以当主机互换交换机端口进行连接时，无法进行正常通信。

 【相关知识】

1. 共享型以太网与冲突域

以太网是目前应用最广泛的局域网之一。最初的以太网采用总线形拓扑结构，如图 2-18 所示，也称共享型以太网。它的特点是各个主机之间共用一条同轴电缆进行通信，这意味着无论哪一台主机发送数据，其余的主机都能收到。

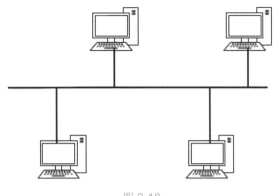

图 2-18

在共享型以太网中，如果一台主机正在发送数据，另一台主机也开始发送数据，或者两台主机同时发送数据，它们的数据信号会在信道内碰撞，产生冲突，导致数据信号遭受破坏，通信中断。

1）CSMA/CD 协议的工作过程

为了解决多台计算机同时发送数据时产生的冲突问题，以太网引入了 CSMA/CD 协议。当以太网中的一台主机要传输数据时，它将按如下步骤进行操作。

（1）监听信道上是否有信号在传输。如果有，则表示信道处于忙的状态，继续监听信道，直到信道空闲为止。

（2）若在监听信道上没有监听到任何信号，则传输数据。

（3）数据传输的时候继续监听信道，如果发现冲突，会发送一个拥塞序列，以警告网络中的所有节点，并随机等待一段时间后，重新执行步骤（1）。

（4）若未发现冲突，则本次数据发送成功，计算机会继续监听信道状态，等待下次数据的发送。

2）冲突与冲突域

在以太网中，当两个数据帧同时被发送到传输介质上完全或部分重叠时，就发生了数据冲突。一旦发生数据冲突，传输数据就会损坏。

冲突域是指连接到同一物理网段上所有节点的集合，如图 2-19 所示。在共享型以太网中，任意两台以上主机同时发送数据就会造成冲突，它们共同构成一个冲突域。

冲突是影响以太网性能的重要因素，冲突的存在使以太网在负载超过 40% 时，效率明显下降。产生冲突的原因有很多，例如，同一个冲突域中节点的数量越多，产生冲突的可能性就越大。此外，数据分组的长度（以太网的最大数据帧长度为 1518 字节）、网络的直径等因素也会影响冲突的产生。因此，当以太网的规模增大时，就必须采取措施来控制冲突的扩散。常用的方法是使用网桥或交换机将网络分段，将一个大的冲突域划分为若干小的冲突域。

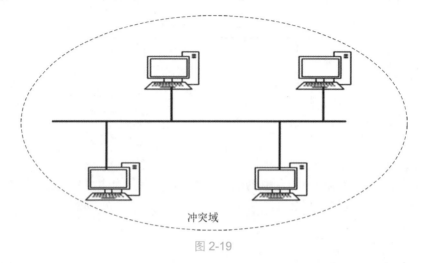

冲突域

图 2-19

2. 交换式以太网

共享型以太网的扩展性很差，且随着设备数量的增加，发生冲突的概率也会增加，因此无法适用于大型网络。交换式以太网正是基于这种背景设计出来的。

用交换机连接的以太网称为交换式以太网。在交换式以太网中，交换机根据收到的数据帧中的 MAC 地址决定数据帧应发往交换机的哪个端口。因为端口之间的帧传输彼此屏蔽，所以节点就不必担心自己发送的数据帧在通过交换机时，会与其他节点发送的数据帧产生冲突。

1）交换机的工作原理

（1）当交换机从某个端口收到一个数据帧时，它先读取帧头中的源 MAC 地址，以了解源 MAC 地址和端口的对应关系，然后查找 MAC 地址表，确认是否存在源 MAC 地址和端口的对应关系，如果没有，则将源 MAC 地址和端口的对应关系记录到 MAC 地址表中。

（2）交换机继续读取帧头中的目的 MAC 地址，并在 MAC 地址表中查找相应的端口。

（3）如果 MAC 地址表中存在与该目的 MAC 地址对应的端口，则将数据帧直接复制到该端口上；如果目的 MAC 地址和源 MAC 地址对应同一个端口，则不转发该数据帧。

（4）如果在 MAC 地址表中找不到相应的端口，则把数据帧广播到除接收该帧端口外的所有端口。当目的主机对源主机回应时，交换机记录这一目的 MAC 地址所对应的端口，在下次传送数据时就不再需要对所有端口进行广播了。

2）交换机转发数据帧的方式

交换机转发数据帧有三种方式：存储转发（Store-and-Forward）、直接转发（Cut-Through）和碎片隔离（Fragment-Free）。

（1）存储转发：存储转发就是先接收后转发的方式。交换机把从端口接收的数据帧先全部接收并存储起来，然后进行 CRC 检查，把错误的数据帧丢弃（数据帧太短，小于 64B；数据帧太长，大于 1518B；或者数据帧在传输过程中出现了错误，都将被丢弃），接下来取出数据帧的源 MAC 地址和目的 MAC 地址，查找 MAC 地址表后进行过滤和转发。存储转发方式的延迟与数据帧的长度成正比，数据帧越长，接收整个数据帧所花费的时间越长，因此延迟越大，这是它的不足。但是它可以对进入交换机的数据帧进行高级别的错误检测。

（2）直接转发：交换机在输入端口检测到数据帧时，立即检查该帧的帧头，只要获取了数据帧的目的地址，就开始转发数据帧。它的优点是不需要读取完整的帧即可转发数据帧，延迟非常小，交换非常快。它的缺点是由于数据帧的内容没有被交换机保存下来，所以无法检查所传送的数据帧是否有误，不能提供错误检测能力。

（3）碎片隔离：这是介于直接转发和存储转发之间的一种工作模式。在转发前先检查数据包的长度是否够 64 字节（512 bit），如果小于 64 字节，则说明是假包（或称残帧），则丢弃该包；如果大于 64 字节，则发送该包。该方式的数据处理速度比存储转发快，但比直接转发慢。由于该方式能够避免假包的转发，所以被广泛应用于低档交换机中。

从三种交换方式可以看出，交换机的数据转发延迟和错误率取决于采用何种交换方式。存储转发的延迟最大，碎片隔离的延迟次之，直接转发的延迟最小。然而存储转发的数据帧错误率最小，碎片隔离的数据帧错误率次之，直接转发的数据帧错误率最大。采用何种交换方式，需要折中考虑。现在许多交换机可以做到在正常情况下采用直接转发方式，当数据的错误率达到一定程度时，自动转换到存储转发方式。

3）交换机的功能

交换机有三个主要功能，分别为学习 MAC 地址、转发/过滤和消除回路。

（1）学习 MAC 地址：交换机了解每一个端口相连设备的 MAC 地址，并将 MAC 地址和相应的端口进行映射，存放在交换机缓存中的 MAC 地址表中。

（2）转发/过滤：当一个数据帧的目的 MAC 地址在 MAC 地址表中有映射时，它会根据 MAC 地址表进行转发。如果该数据帧为广播/组播帧，则转发至所有端口。

（3）消除回路：当交换机包括一个冗余路径时，则通过生成树协议避免回路的产生，同时允许存在备份路径。

4）交换式以太网和广播域

交换机通过自己的端口隔离冲突域，但并不代表交换式以太网中连接的设备之间只能实现一对一的数据交互。有时，局域网中的一台终端设备确实需要向局域网中的所有其他终端设备发送消息，例如，在 ARP 请求中，一台设备需要向同一个网络中的所有其他设备发送消息，以获取目的 IP 地址对应的 MAC 地址。这种一台设备向同一网络中的所有其他设备发送消息的数据发送方式称为广播，为了实现这种转发方式而以网络层或数据链路层广播地址封装的数据称为广播数据包或广播帧。广播数据包或广播帧可达的区域称为广播域。由于广播可达的区域在传统上就是一个局域网的范围，因此一个局域网往往就是一个广播域。交换机的广播域和冲突域之间的关系如图 2-20 所示。

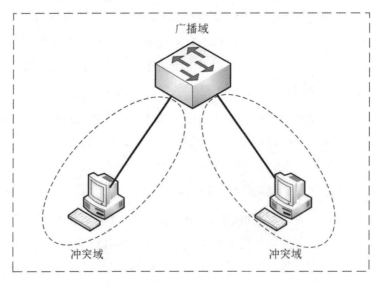

图 2-20

3. 华为交换机基本配置命令

1）配置端口安全功能

对接入用户的安全性要求较高的网络中，可以配置端口安全功能。配置命令如下所示。

```
<Huawei>system-view
```

进入系统视图。

```
[Huawei] interface interface-type interface-number
```

进入接口视图。

```
[Huawei-interface-type interface-number] port-security enable
```

启用端口安全功能。在默认情况下，该功能未启用。

```
[Huawei- interface-type interface-number] port-security max-mac-num max-number
```

配置端口安全动态 MAC 学习限制数量，在默认情况下，端口安全动态 MAC 地址限制数量为 1。

```
[Huawei-interface-type interface-number]port-security mac-address
mac-address vlan
    vlan-id
```

配置静态安全 MAC 地址表项。

```
[Huawei-interface-type interface-number]port-security protect-action
{ protect | restrict
    | shutdown }
```

配置端口安全保护动作。

```
[Huawei-interface-type interface-number]port-security aging-time time
[ type { absolute | inactivity }
```

配置端口安全动态MAC 地址表项的老化时间。应合理配置MAC 地址表项的老化时间，如果设置时间过短（比如 1 分钟）会导致 MAC 地址表项老化过快而使流量转发失败。

2）配置 Sticky MAC 功能

对于相对稳定的接入用户，如果不希望后续发生变化，可以进一步使能接口 Sticky MAC 功能，这样在保存配置之后，MAC 地址表项不会刷新或丢失，配置命令如下。

```
<Huawei>system-view
```

进入系统视图。

```
interface interface-type interface-number
```

进入接口视图。

```
[Huawei-interface-type interface-number] port-security enable
```

启用端口安全功能。在默认情况下，该功能未启用。

```
[Huawei-interface-type interface-number] port-security mac-address sticky
```

使能接口 Sticky MAC 功能。在默认情况下，该功能未启用。

```
[Huawei-interface-type interface-number]port-security max-mac-num max-number
```

配置端口 Sticky MAC 学习限制数量。在默认情况下，端口学习的 MAC 地址限制数量为 1。

任务 3 搭建虚拟局域网

【任务目标】

1. 理解虚拟局域网的原理及特点。
2. 掌握虚拟局域网的配置方法。

【任务场景】

学校行政楼是一栋二层办公楼，楼层通过两台二层交换机进行互连，教务处、人事处、财务处和学工处等部门在这里办公。出于数据安全的考虑，各部门的计算机需要进行隔离，部门内部成员可以相互通信。通过需求分析，需要在交换机中为各部门创建相应的 VLAN，可避免部门间相互通信。信息网络中心李工程师带领小张同学一起完成搭建虚拟局域网的任务。

【任务环境】

学院行政楼网络拓扑如图 2-21 所示，其端口规划表如表 2-4 所示，VLAN 规划表如表 2-5 所示，IP 地址规划表如表 2-6 所示。

表 2-4

本 端 设 备	端 口 号	端口类型	对 端 设 备	端 口 号
SW1	Eth0/0/1~8	Access	教务处 PC	-
SW1	Eth0/0/9~16	Access	人事处 PC	-
SW1	Eth0/0/17~19	Access	财务处 PC	-
SW1	G0/0/1	Trunk	SW2	G0/0/1
SW2	Eth0/0/1~6	Access	财务处 PC	-
SW2	Eth0/0/7~12	Access	学生处	-
SW2	G0/0/1	Trunk	SW1	G0/0/1

表 2-5

虚拟局域网 ID	网 络 地 址	用 途
VLAN 10	172.16.10.0/24	教务处
VLAN 20	172.16.20.0/24	人事处

虚拟局域网 ID	网 络 地 址	用 途
VLAN 30	172.16.30.0/24	财务处
VLAN 40	172.16.40.0/24	学生处

表 2-6

计 算 机	IP 地 址
教务处 PC1	172.16.10.1/24
人事处 PC2	172.16.20.1/24
财务处 PC3	172.16.30.1/24
财务处 PC4	172.16.30.2/24
学生处 PC5	172.16.40.1/24

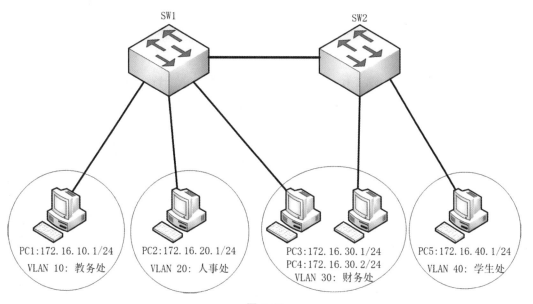

图 2-21

【任务实施】

1. 在 SW1 和 SW2 上创建 VLAN

（1）在 SW1 上创建 VLAN 10、VLAN 20 和 VLAN 30，配置命令如下所示。

```
<Huawei>system-view
Huawei]sysname SW1
[SW1]vlan 10
[SW1-vlan10]description dean's office
[SW1-vlan10]quit
```

```
[SW1]vlan 20
[SW1-vlan20]description personnel office
[SW1-vlan20]quit
[SW1]vlan 30
[SW1-vlan30]description office of financial affairs
[SW1-vlan30]quit
```

（2）在 SW2 上创建 VLAN 30 和 VLAN 40，配置命令如下所示。

```
<Huawei>system-view
Huawei]sysname SW2
[SW2]vlan 30
[SW2-vlan30]description office of financial affairs
[SW2-vlan30]quit
[SW2]vlan 40
[SW2-vlan40]description students' affairs office
[SW2-vlan40]quit
```

2. 在 SW1 和 SW2 上进行 Access 端口和 Trunk 端口的配置

（1）根据表 2-4，在 SW1 和 SW2 上配置 Access 端口，配置命令如下所示。

```
[SW1]port-group group-member Ethernet 0/0/1 to Ethernet 0/0/8
[SW1-port-group]port link-type access
[SW1-Ethernet0/0/1]port link-type access
[SW1-Ethernet0/0/2]port link-type access
[SW1-Ethernet0/0/3]port link-type access
[SW1-Ethernet0/0/4]port link-type access
[SW1-Ethernet0/0/5]port link-type access
[SW1-Ethernet0/0/6]port link-type access
[SW1-Ethernet0/0/7]port link-type access
[SW1-Ethernet0/0/8]port link-type access
[SW1-port-group]port default vlan 10
[SW1-Ethernet0/0/1]port default vlan 10
[SW1-Ethernet0/0/2]port default vlan 10
[SW1-Ethernet0/0/3]port default vlan 10
[SW1-Ethernet0/0/4]port default vlan 10
[SW1-Ethernet0/0/5]port default vlan 10
[SW1-Ethernet0/0/6]port default vlan 10
[SW1-Ethernet0/0/7]port default vlan 10
[SW1-Ethernet0/0/8]port default vlan 10
[SW1-port-group]quit
[SW1]port-group group-member Ethernet 0/0/9 to Ethernet 0/0/16
[SW1-port-group]port link-type access
[SW1-Ethernet0/0/9]port link-type access
```

```
[SW1-Ethernet0/0/10]port link-type access
[SW1-Ethernet0/0/11]port link-type access
[SW1-Ethernet0/0/12]port link-type access
[SW1-Ethernet0/0/13]port link-type access
[SW1-Ethernet0/0/14]port link-type access
[SW1-Ethernet0/0/15]port link-type access
[SW1-Ethernet0/0/16]port link-type access
[SW1-port-group]port default vlan 20
[SW1-Ethernet0/0/9]port default vlan 20
[SW1-Ethernet0/0/10]port default vlan 20
[SW1-Ethernet0/0/11]port default vlan 20
[SW1-Ethernet0/0/12]port default vlan 20
[SW1-Ethernet0/0/13]port default vlan 20
[SW1-Ethernet0/0/14]port default vlan 20
[SW1-Ethernet0/0/15]port default vlan 20
[SW1-Ethernet0/0/16]port default vlan 20
[SW1-port-group]quit
[SW1]port-group group-member Ethernet 0/0/17 to Ethernet 0/0/19
[SW1-port-group]port link-type access
[SW1-Ethernet0/0/17]port link-type access
[SW1-Ethernet0/0/18]port link-type access
[SW1-Ethernet0/0/19]port link-type access
[SW1-port-group]port default vlan 30
[SW1-Ethernet0/0/17]port default vlan 30
[SW1-Ethernet0/0/18]port default vlan 30
[SW1-Ethernet0/0/19]port default vlan 30
[SW1-port-group]quit

[SW2]port-group group-member Ethernet 0/0/1 to Ethernet 0/0/6
[SW2-port-group]port link-type access
[SW2-Ethernet0/0/1]port link-type access
[SW2-Ethernet0/0/2]port link-type access
[SW2-Ethernet0/0/3]port link-type access
[SW2-Ethernet0/0/4]port link-type access
[SW2-Ethernet0/0/5]port link-type access
[SW2-Ethernet0/0/6]port link-type access
[SW2-Ethernet0/0/1]port default vlan 30
[SW2-Ethernet0/0/2]port default vlan 30
[SW2-Ethernet0/0/3]port default vlan 30
[SW2-Ethernet0/0/4]port default vlan 30
[SW2-Ethernet0/0/5]port default vlan 30
[SW2-Ethernet0/0/6]port default vlan 30
```

```
[SW2-port-group]quit
[SW2]port-group group-member Ethernet 0/0/7 to Ethernet 0/0/12
[SW2-port-group]port link-type access
[SW2-Ethernet0/0/7]port link-type access
[SW2-Ethernet0/0/8]port link-type access
[SW2-Ethernet0/0/9]port link-type access
[SW2-Ethernet0/0/10]port link-type access
[SW2-Ethernet0/0/11]port link-type access
[SW2-Ethernet0/0/12]port link-type access
[SW2-port-group]port default vlan 40
[SW2-Ethernet0/0/7]port default vlan 40
[SW2-Ethernet0/0/8]port default vlan 40
[SW2-Ethernet0/0/9]port default vlan 40
[SW2-Ethernet0/0/10]port default vlan 40
[SW2-Ethernet0/0/11]port default vlan 40
[SW2-Ethernet0/0/12]port default vlan 40
[SW2-port-group]quit
```

（2）根据表 2-4，在 SW1 和 SW2 上设置 Trunk 端口，配置命令如下所示。

```
[SW1]interface GigabitEthernet 0/0/1
[SW1-GigabitEthernet0/0/1]port link-type trunk
[SW1-GigabitEthernet0/0/1]port trunk allow-pass vlan 10 20 30 40

[SW2]interface GigabitEthernet 0/0/1
[SW2-GigabitEthernet0/0/1]port link-type trunk
[SW2-GigabitEthernet0/0/1]port trunk allow-pass vlan 10 20 30 40
```

3. 检查 VLAN 信息

在 SW1 上使用"display vlan"命令查看已创建的 VLAN 信息，命令及显示结果如下所示。

```
[SW1]display vlan
The total number of vlans is : 4
--------------------------------------------------------------------
U: Up;          D: Down;          TG: Tagged;          UT: Untagged;
MP: Vlan-mapping;                 ST: Vlan-stacking;
#: ProtocolTransparent-vlan;      *: Management-vlan;
--------------------------------------------------------------------
VID  Type    Ports
--------------------------------------------------------------------
1    common  UT:Eth0/0/20(D)    Eth0/0/21(D)    Eth0/0/22(D)    GE0/0/1(U)
GE0/0/2(D)
```

```
10    common  UT:Eth0/0/1(U)     Eth0/0/2(D)      Eth0/0/3(D)      Eth0/0/4(D)
Eth0/0/5(D)      Eth0/0/6(D)       Eth0/0/7(D)      Eth0/0/8(D)
20    common  UT:Eth0/0/9(U)     Eth0/0/10(D)     Eth0/0/11(D)     Eth0/0/12(D)
Eth0/0/13(D)     Eth0/0/14(D)      Eth0/0/15(D)     Eth0/0/16(D)
30    common  UT:Eth0/0/17(U)    Eth0/0/18(D)     Eth0/0/19(D)

VID  Status  Property    MAC-LRN Statistics Description
----------------------------------------------------------------

1    enable  default     enable  disable    VLAN 0001
10   enable  default     enable  disable    dean's office
20   enable  default     enable  disable    personnel office
30   enable  default     enable  disable  office of financial affairs
```

 【相关知识】

传统型局域网会浪费带宽、降低通信率，甚至会产生广播风暴，导致网络拥塞。虚拟局域网（Virtual Local Area Network, VLAN）能缩小广播域，降低广播包消耗带宽的比例，显著提高网络性能。

1. VLAN 基本概念

VLAN 是一种二层技术。它是在交换式局域网中将一个较大的广播域分割成若干较小广播域的技术。在交换机上配置 VLAN，可使同一个 VLAN 内的主机相互通信，不同 VLAN 内的主机相互隔离。如图 2-22 所示，原本属于同一个广播域的主机被划分到两个 VLAN（即 VLAN1 和 VLAN2）中。VLAN 内部的主机可以直接在二层相互通信，而 VLAN 之间的主机无法实现二层通信。

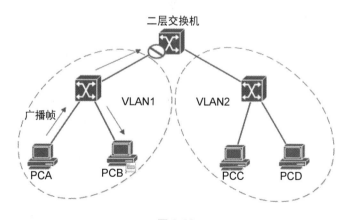

图 2-22

2．划分 VLAN 的优势

采用 VLAN 技术使网络管理更加方便、灵活，从而提高设备的使用效率，增强网络的适应性。划分 VLAN 的优势如表 2-7 所示。

表 2-7

划分 VLAN 的优势	描　　述
提高网络安全	可将含敏感数据的用户组与其他组分开，降低数据泄密的概率
降低网络成本	现有带宽的利用率更高，减少升级需求，节约成本
提高网络性能	基于二层划分多个逻辑组，可以减少网络中不必要的流量
抑制广播风暴	分割广播域，增加广播域的数量，抑制广播风暴的扩散范围
提高网管效率	当增加设备时，只需添加新 VLAN，实现简单，管理开销小

3．划分 VLAN 的方法

1）基于端口划分 VLAN

基于端口的 VLAN 是划分网络最简单、最有效和最常用的方法之一。它将交换机端口在逻辑上划分为不同的分组，从而将端口连接的终端设备划分到不同的 VLAN 中，如图 2-23 所示。

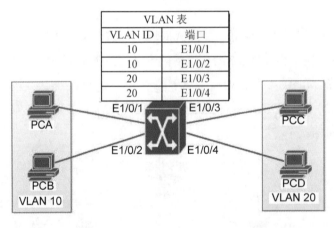

图 2-23

2）基于 MAC 地址划分 VLAN

基于 MAC 地址的 VLAN 是按照终端设备的 MAC 地址划分网络的，将不同 MAC 地址的终端设备划分到指定的 VLAN 中。基于 MAC 地址的 VLAN 也称动态 VLAN，如图 2-24 所示。

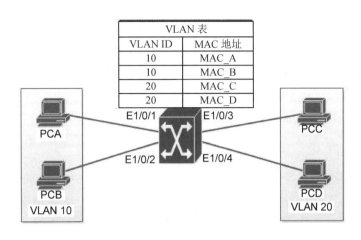

图 2-24

3）基于网络层协议划分 VLAN

基于网络层协议划分的 VLAN 是根据终端设备的网络层地址或上层运行的协议划分网络的，可将其划分为 IP、IPX、AppleTalk 等 VLAN 网络。虽然交换机会查看每个数据包的 IP 地址或协议，并根据 IP 地址或协议决定该数据包属于哪个 VLAN，然后进行转发，但并不进行路由，只进行二层转发，如图 2-25 所示。基于网络层协议划分的 VLAN 会耗费交换机的资源和时间，导致网络的通信速度下降。

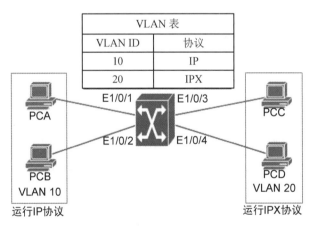

图 2-25

4．交换机端口的分类

华为交换机端口的工作模式主要有 3 种：Access（接入）端口、Trunk（干道）端口和 Hybrid（混合）端口。

1）Access 端口

Access 端口用于连接计算机等终端设备，只能属于一个 VLAN，即只能传输一个 VLAN

的数据。Access 端口收到入站的数据帧后，会判断这个数据帧是否携带 VLAN 标签。若不携带 VLAN 标签，则为该端口插入本端口的 PVID 并进行下一步处理，若携带 VLAN 标签，则判断数据帧的 PVID 是否与本端口 PVID 相同，若相同，则进一步处理，否则丢弃该数据帧。Access 端口在发送数据帧前，会判断这个要被转发的数据帧中携带的 VLAN ID 是否与出站端口的 PVID 相同，若相同，则去掉该 VLAN 标签进行转发，否则丢弃该数据帧。

2）Trunk 端口

Trunk 端口用于连接交换机等网络设备，它允许传输多个 VLAN 的数据。Trunk 端口收到入站的数据帧后，会判断这个数据帧是否携带 VLAN 标签。若不携带 VLAN 标签，则为该数据帧插入本端口的 PVID 并进行下一步处理；若携带 VLAN 标签，则判断本端口是否允许传输该数据帧的 VLAN ID，若允许则进行下一步处理，否则丢弃该数据帧。Trunk 端口在发送出站数据帧之前，会判断这个要被转发的数据帧中携带的 VLAN ID 是否与出站端口的 PVID 相同，若相同，则去掉 VLAN 标签进行转发，若不相同，则判断该端口是否允许传输该数据帧的 VLAN ID，若允许则进行转发（保留原标签），否则丢弃该数据帧。

3）Hybrid 端口

Hybrid 端口是华为交换机端口的默认工作模式，它能够接收和发送多个 VLAN 的数据帧，可以用于连接交换机之间的链路，也可以用于连接终端设备。因此 Hybrid 端口兼具 Access 端口和 Trunk 端口的特征。

5. VLAN 配置方法

1）VLAN 的创建与删除

在交换机上执行"vlan <vlan-id>"命令才可以创建 VLAN。如果需要创建多个连续的 VLAN，则可以在交换机上执行"vlan batch { vlan-id1 [to vlan-id2]}"命令；如果需要创建多个不连续的 VLAN，则可以在交换机上执行"vlan batch { vlan-id1 vlan-id2 }"命令；在创建 VLAN 的命令前加"undo"命令，可以删除创建的 VLAN。

```
[Huawei] vlan 10                    //创建VLAN 10
[Huawei] vlan batch 10 to 20        //创建VLAN 10至VLAN 20连续11个VLAN
[Huawei] vlan batch 10 20           //创建VLAN 10和VLAN 20
[Huawei] undo vlan 10               //删除VLAN 10
```

2）Access 端口和 Trunk 端口的配置

在交换机上创建 VLAN 后，进入交换机对应的端口，使用"port link-type { access | trunk | hybrid }"可以修改对应端口的模式。当修改端口为 Access 模式后，需要配合"port default vlan <vlan-id>"命令，配置端口的 PVID；当修改端口为 Trunk 模式后，需要使用"port trunk allow-pass vlan { vlan-id1 [to vlan-id2] }"，配置 Trunk 允许哪些 VLAN 通过。

```
[Huawei] interface GigabitEthernet 0/0/1
[Huawei-GigabitEthernet 0/0/1] port link-type access
[Huawei- GigabitEthernet 0/0/1] port default vlan 10
[Huawei- GigabitEthernet 0/0/1] quit
[Huawei] interface GigabitEthernet 0/0/2
[Huawei- GigabitEthernet 0/0/2] port link-type trunk
[Huawei- GigabitEthernet 0/0/2] port trunk allow-pass vlan 10 20
```

3）检查 VLAN 信息

创建 VLAN 后，可以使用 "display vlan" 命令查看已创建的 VLAN 信息。

```
[Huawei]display vlan
The total number of vlans is : 4
-----------------------------------------------------------------
U: Up;          D: Down;        TG: Tagged;        UT: Untagged;
MP: Vlan-mapping;               ST: Vlan-stacking;
#: ProtocolTransparent-vlan;    *: Management-vlan;
-----------------------------------------------------------------


VID  Type   Ports
-----------------------------------------------------------------
1    common UT:Eth0/0/1(D)     Eth0/0/2(D)     Eth0/0/3(D)     Eth0/0/4(D)
              Eth0/0/5(D)      Eth0/0/6(D)     Eth0/0/7(D)     Eth0/0/8(D)
              Eth0/0/9(D)      Eth0/0/10(D)    Eth0/0/11(D)    Eth0/0/12(D)
              Eth0/0/13(D)     Eth0/0/14(D)    Eth0/0/15(D)    Eth0/0/16(D)
              Eth0/0/17(D)     Eth0/0/18(D)    Eth0/0/19(D)    Eth0/0/20(D)
              Eth0/0/21(D)     Eth0/0/22(D)    GE0/0/1(D)      GE0/0/2(D)

10   common
20   common
30   common
```
---省略部分显示内容---

任务 4　搭建无线局域网

【任务目标】

1. 运用 "FIT AP +AC" 模式搭建无线局域网。

2. 掌握无线控制器的配置方法。

【任务场景】

学校校园网的早期建设中使用的是放装 FAT AP，只在综合教学楼进行了无线覆盖。为了实现移动办公的需要，希望安装更多的无线接入点（AP）进行信号覆盖。信息网络中心李工程师带领小张同学一起完成无线网络升级的任务。通过需求分析，当无线网络中的 AP 数量众多时，就需要进行统一管理。因此，之前的放装 FAT AP 设备的组网模式，已经不能适应新的需求，需要增加无线控制器，对 AP 进行集中管理。李工程师先安排小张同学在模拟环境下完成测试，以便为设备上线运行奠定坚实的基础。

【任务环境】

小张同学选用华为无线 AC6650 和无线 AP4030 模拟无线网络环境，其网络拓扑如图 2-26 所示，端口规划表如表 2-8 所示，无线 AC 规划表如表 2-9 所示，IP 地址规划表如表 2-10 所示。

表 2-8

本 端 设 备	端 口 号	端 口 类 型	对 端 设 备	端 口 号
SW1	G0/0/1	Trunk	AP1	G0/0/1
SW1	G0/0/2	Trunk	AC1	G0/0/2

表 2-9

配 置 项	数 据
DHCP 服务器	AC 作为 DHCP 服务器为 STA 和 AP 分配 IP 地址
AP 的 IP 地址	10.1.1.2-10.1.1.254/24
STA 的 IP 地址	20.1.1.2-20.1.1.254/24
AC 的源接口 IP 地址	10.1.1.1/24
AP 组	名称：test 引用模板：VAP 模板 wlan-vap、域管理模板 domain-test
域管理模板	名称：domain-test 国家代码：CN
SSID 模板	名称：wlan-ssid SSID 名称：wlan-gky
安全模板	名称：wlan-security 安全策略：WPA2+PSK+AES 密码：Aa123456
VAP 模板	名称：wlan-vap 转发方式：隧道转发 业务 VLAN：VLAN 20 引用模板：SSID 模板 wlan-ssid、安全模板 wlan-security

表 2-10

设 备	接 口	IP 地 址	子 网 掩 码
R1	Vlanif 10	10.1.1.1	255.255.255.0
	Vlanif 20	20.1.1.1	255.255.255.0

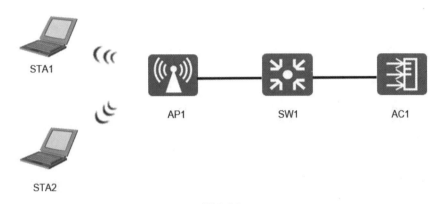

图 2-26

【任务实施】

1. 配置 AC 和交换机

实现 AP、AC 和交换机之间二层互通。

（1）配置交换机 SW1，配置命令如下所示。

```
< Huawei > system-view
[Huawei]sysname SW1
[SW1]vlan batch 10 20
[SW1]interface GigabitEthernet 0/0/1
[SW1-GigabitEthernet0/0/1]port link-type trunk
[SW1-GigabitEthernet0/0/1]port trunk pvid vlan 10
[SW1-GigabitEthernet0/0/1] port trunk allow-pass vlan 10 20
[SW1-GigabitEthernet0/0/1]quit

[SW1]interface GigabitEthernet 0/0/2
[SW1-GigabitEthernet0/0/2]port link-type trunk
[SW1-GigabitEthernet0/0/2] port trunk allow-pass vlan 10 20
[SW1-GigabitEthernet0/0/2]quit
```

（2）配置无线控制器 AC1，配置命令如下所示。

```
<AC6605>system-view
[AC6605]sysname AC1
```

```
[AC1]vlan batch 10 20
[AC1]interface GigabitEthernet 0/0/2
[AC1-GigabitEthernet0/0/2]port link-type trunk
[AC1-GigabitEthernet0/0/2]port trunk pvid vlan 10
[AC1-GigabitEthernet0/0/2]port trunk allow-pass vlan 10 20
[AC1-GigabitEthernet0/0/2]quit
```

2．在 AC 上配置 DHCP 服务器

在 AC1 上配置基于接口的 DHCP 服务器，为 AP1、STA1 和 STA2 提供 IP 地址，配置命令如下所示。

```
[AC1]dhcp enable
[AC1]interface Vlanif 10
[AC1-Vlanif10]ip address 10.1.1.1 24
[AC1-Vlanif10]dhcp select interface
[AC1-Vlanif10]quit
[AC1]interface vlan 20
[AC1-Vlanif20]ip address 20.1.1.1 24
[AC1-Vlanif20]dhcp select interface
[AC1-Vlanif20]quit
```

3．配置 AP 上线

（1）创建 AP 组，用于将需要进行相同配置的 AP 加入 AP 组，实现统一配置，配置命令如下所示。

```
[AC1]wlan
[AC1-wlan-view]ap-group name test
[AC1-wlan-ap-group-test]quit
```

（2）创建域管理模板，在域管理模板下配置 AC 的国家码，并在 AP 组中引用该域管理模板，配置命令如下所示。

```
[AC1-wlan-view]regulatory-domain-profile name domain-test
[AC1-wlan-regulate-domain-domain-test]country-code cn
[AC1-wlan-regulate-domain-domain-test]quit
[AC1-wlan-view]ap-group name test
[AC1-wlan-ap-group-test]regulatory-domain-profile domain-test
Warning: Modifying the country code will clear channel, power and antenna
gain configurations of the radio and reset the AP. Continue?[Y/N]:y
[AC1-wlan-ap-group-test]quit
[AC1-wlan-view]quit
```

（3）配置 AC 的源接口，配置命令如下所示。

```
[AC1]capwap source interface Vlanif 10
```

（4）配置 AP 上线的认证方式并实现 AP 正常上线，配置命令如下所示。

```
[AC1]wlan
[AC1-wlan-view]ap auth-mode sn-auth
[AC1-wlan-view]ap whitelist sn 2102354483106C238109
[AC1-wlan-view]ap-regroup ap-id 0 new-group test
Warning: This operation may cause AP reset. If the country code changes, it will
 clear channel, power and antenna gain configurations of the radio, Whether
to continue? [Y/N]:y
 Info: This operation may take a few seconds. Please wait for a moment.. done.
[AC1-wlan-view]quit
```

配置 AP 上线认证模式为 SN，SN 号可以从 AP 设备上获取，如图 2-27 所示。

图 2-27

4．配置 WLAN 业务参数

（1）创建名为"wlan-security"的安全模板，并配置安全策略，配置命令如下所示。

```
[AC1]wlan
[AC1-wlan-view]security-profile name wlan-security
[AC1-wlan-sec-prof-wlan-security]security wpa2 psk pass-phrase Aa123456 aes
[AC1-wlan-sec-prof-wlan-security]quit
```

（2）创建名为"wlan-ssid"的 SSID 模板，并配置 SSID 名称为"wlan-gky"，配置命令如下所示。

```
[AC1-wlan-view]ssid-profile name wlan-ssid
[AC1-wlan-ssid-prof-wlan-ssid]ssid wlan-gky
Info: This operation may take a few seconds, please wait.done.
[AC1-wlan-ssid-prof-wlan-ssid]quit
```

（3）创建名为"wlan-vap"的 VAP 模板，配置业务数据转发模式、业务 VLAN，并且引用安全模板和 SSID 模板，配置命令如下所示。

```
[AC1-wlan-view]vap-profile name wlan-vap
[AC1-wlan-vap-prof-wlan-vap]forward-mode tunnel
[AC1-wlan-vap-prof-wlan-vap]service-vlan vlan-id 20
[AC1-wlan-vap-prof-wlan-vap]security-profile wlan-security
[AC1-wlan-vap-prof-wlan-vap]ssid-profile wlan-ssid
[AC1-wlan-vap-prof-wlan-vap]quit
```

（4）将 VAP 模板应用于 AP 组，配置命令如下所示。

```
[AC1-wlan-view]ap-group name test
[AC1-wlan-ap-group-test]vap-profile wlan-vap wlan 1 radio 1
```

5. 验证配置结果

（1）通过执行 display vap ssid wlan-gky 命令查看如下信息，当"Status"项显示为"ON"时，表示 AP 对应的射频上的 VAP 已创建成功，命令及显示结果如下所示。

```
[AC1]display vap ssid wlan-gky
Info: This operation may take a few seconds, please wait.
WID : WLAN ID
--------------------------------------------------------------------------------
AP ID AP name   RfID WID BSSID        Status  Auth type  STA  SSID
--------------------------------------------------------------------------------
0   00e0-fcf8-7280 1   1 00E0-FCF8-7290 ON     WPA2-PSK   1    wlan-gky
--------------------------------------------------------------------------------
```

（2）使用 STA 搜索到名称为"wlan-gky"的无线网络，输入密码"Aa123456"并正常关联后，在 AC 上执行 display station ssid 命令，可以查看到用户已经接入无线网络"wlan-gky"中，并看到用户主机的 IP 地址和 MAC 地址，命令及显示结果如下所示。

```
[AC1]display station ssid wlan-gky
Rf/WLAN: Radio ID/WLAN ID
Rx/Tx: link receive rate/link transmit rate(Mbps)
--------------------------------------------------------------------------------
STA MAC   AP ID Ap name    Rf/WLAN Band  Type Rx/Tx    RSSI VLAN
  IP address
```

```
------------------------------------------------------------------------
5489-98df-15f8   0    00e0-fcf8-7280 1/1    5G   11a   0/0      - 20
   20.1.1.91
5489-98f9-2627   0    00e0-fcf8-7280 1/1    5G   11a   0/0      - 20
   20.1.1.252
------------------------------------------------------------------------
```

【相关知识】

无线通信是利用电磁波信号可以在自由空间中传播的特性，进行信息交换的一种方式，是近年来通信领域中发展最快、应用最广的通信技术之一，已深入人们生活的各个方面。

1. 无线技术

无线网络是指将地理位置上分散的计算机通过无线技术连接起来，并实现数据通信和资源共享的网络。常见的无线技术包括无线局域网技术、红外通信技术、微波扩频通信技术和蓝牙技术。

1）无线局域网技术

WLAN（Wireless Local Area Network，无线局域网）是指以无线信道作为传输媒介的计算机局域网络，是计算机网络与无线通信技术相结合的产物。它以无线多址信道作为传输媒介，提供传统有线局域网的功能，使用户真正实现随时、随地、随意地接入宽带网络。

2）红外通信技术

红外通信技术不需要实体连线，简单易用且实现成本较低，因而广泛应用于小型移动设备互换数据和电器设备的控制中，例如，笔记本电脑、个人数码助理、移动电话之间或与电脑之间进行数据交换（个人网），以及电视机、空调的遥控器等。红外通信技术受外界干扰大，适用于近距离通信。

3）微波扩频通信技术

微波扩频通信技术覆盖范围大，具有较强的抗干扰、抗噪声和抗衰减能力，其隐蔽性、保密性强，不干扰同频系统，有较强的实用性。无线局域网主要采用微波扩频通信技术。扩频技术即扩展频谱技术，简称 SS（Spread Spectrum）技术。它通过对传送数据进行特殊编码，使其扩展为频带很宽的信号，其带宽远大于传输信号所需的带宽（数千倍），并将待传信号与扩频编码信号一起调制载波。

4）蓝牙技术

蓝牙技术是一种支持设备短距离通信（一般在 10 m 内）的无线技术，能在移动电话、

PDA、无线耳机、笔记本电脑等之间进行无线信息交换。利用蓝牙技术能够有效地简化移动通信终端设备之间的通信，也能够简化设备与 Internet 之间的通信，从而使数据传输变得更加迅速高效。

2. 无线局域网

无线技术中使用十分普遍的就是无线局域网技术。WLAN 使用的协议标准是 IEEE 802.11 系列标准，它定义了 WLAN 所使用的无线频段及调制方式。

1）WLAN 协议

IEEE 802.11 协议簇是国际电工电子工程师学会 IEEE 组织为无线局域网制订的标准，规范了无线局域网中一系列通信标准和规则。

（1）IEEE 802.11 标准：该标准是 IEEE 制订的第一个无线局域网标准，其工作频段在 2.4G，主要解决办公网络中无线用户终端接入，其传输速率最高为 2Mbps。由于在传输速率和传输距离上都不能满足人们的需求，所以很快被 IEEE 802.11b 标准取代。

（2）IEEE 802.11b 标准：该标准规定无线局域网工作频段在 2.4GHz，其数据传输速率达到 11Mbps。该标准是对 IEEE 802.11 的一个补充。在数据传输速率方面可以根据实际情况在 11Mbps、5.5Mbps、2Mbps、1Mbps 的不同速率间自动切换，传输距离控制在 50～150 米，由于其价格低廉，802.11b 产品已经被广泛投入市场，并在许多实际工作场所运行。

（3）IEEE 802.11a 标准：该标准规定无线局域网工作频段在 5GHz，其数据传输速率达到 54Mbps，传输距离控制在 10～100 米。802.11a 采用正交频分复用（OFDM）的独特扩频技术，可提供 25Mbps 的无线 ATM 接口和 10Mbps 的以太网无线帧结构接口，以及 TDD/TDMA 的空中接口，支持语音、数据、图像业务；它的一个扇区可接入多个用户，每个用户可带多个用户终端。

（4）IEEE 802.11g 标准：该标准是对流行的 802.11b（即 Wi-Fi 标准）的提速（速度从 802.11b 的 11Mbps 提高到 54Mbps）。802.11g 接入点支持 802.11b 和 802.11g 客户设备。同样，采用 802.11g 网卡的笔记本电脑也能访问现有的 802.11b 接入点和新的 802.11g 接入点。不过，基于 802.11g 标准的产品目前还不多见。如果你需要高速度的无线局域网，已经推出的 802.11a 产品可以提供 54Mbps 的最高速度。

（5）IEEE 802.11n 标准：该标准传输速率理论值为 300 Mbps，甚至高达 600 Mbps，比 802.11b 快 50 多倍，比 802.11g 快 10 倍左右，比 802.11b 的传输距离更远。MIMO（Multiple input Multiple output，多入多出）与 OFDM 技术相结合的 MIMO OFDM 技术，提高了无线传输质量，也使传输速率得到极大提升。802.11n 可工作在 2.4 GHz 和 5 GHz 两个频段。

（6）IEEE 802.11ac：该标准的核心技术主要基于 IEEE 802.11a，继续工作在 5GHz 频

段上以保证向下的兼容性，但数据传输通道会大大扩充，在当前 20MHz 的基础上增至 40MHz 或 80MHz，甚至有可能达到 160MHz。再加上大约 10%的实际频率调制效率提升，新标准的理论传输速度最高达到 1.3Gbps，是 802.11n 的 3 倍多。

详细的协议簇参数如表 2-11 所示。

表 2-11

标准	802.11	802.11a	802.11b	802.11g	802.11n	802.11ac
时间	1997 年	1999 年	1999 年	2003 年	2009 年	2013 年
频段	2.4GHz	5GHz	2.4GHz	2.4GHz	2.4GHz 5GHz	5GHz
频宽	20MHZ	20MHZ	20MHZ	20MHZ	20/40 MHZ	20 /40 /80/160MHZ
不重叠 信道	3	3	3	3	3 或 12	12
调制	OFDM	OFDM	DSSS 和 CCK	DSSS 或 OFDM 和 CCK	DSSS 或 OFDM 和 CCK	DSSS 或 OFDM 和 CCK
速率	2Mbps	54Mbps	11Mbps	54Mbps	600Mbps 以上	1.3Mbps

2）WLAN 组网模式

WLAN 基本结构分为三类，分别是 Ad-Hoc 组网模式、Infrastructure 组网模式和 WDS 组网模式。

（1）Ad-Hoc 组网模式：Ad-Hoc 构成特殊无线网络模式，无线终端设备（STA）直接互相连接，资源共享，而无须通过 AP，如图 2-28 所示。网络中所有结点的地位平等，无须设置任何中心控制结点。

图 2-28

（2）Infrastructure 组网模式：无线客户端通过无线接入点接入网络，任意站点之间的通信需通过无线接入点转接。无线接入点扮演中继器的角色，扩展独立无线局域网的工作范围。访问外部及无线终端设备之间交互的数据均由无线接入点负责转发。Infrastructure 组网模式如图 2-29 所示。

图 2-29

（3）WDS 组网模式：WDS 组网模式即无线分发系统（Wireless Distribution System，无线分布式系统）组网模式，通过无线模式连接多台无线接入点，使用无线网桥技术实现多个独立的无线网络通信，实现点到点或点到多点的无线网络连接，适用于大型仓储、制造车间等领域。WDS 组网模式如图 2-30 所示。

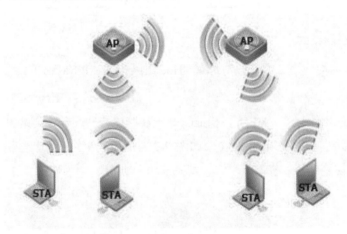

图 2-30

WDS 依托 Infrastructure 无线组网技术，通过无线桥接或中继设备将多台无线接入点覆盖的无线网络，连接成更大的无线局域网，扩展无线局域网的信号覆盖范围。

3）WLAN 的组网设备

常见 WLAN 的组网设备包括无线工作站、无线网卡、无线接入点、无线控制器、无线天线。

（1）无线工作站（Wireless station）：无线工作站是通过无线网卡连接到无线网络中的计算机或智能终端设备。这些无线终端设备使用无线网卡，通过无线通信协议接入附近的

WLAN 中。常见的无线工作站包括笔记本电脑、台式计算机、智能手机、PDA、无线打印机和无线投影仪等。

（2）无线网卡：无线网卡的作用和以太网中网卡的作用基本相同。它作为无线局域网的接口，在 Wi-Fi 信号覆盖下，把无线设备连接到 WLAN 网络中，实现无线局域网中无线工作站之间的连接与通信。

（3）无线接入点：Access Point 的简称是 AP，AP 就是无线局域网的接入点、无线网关，它的作用类似于有线网络中的集线器。它是有线局域网络与无线局域网络的桥梁，用于 IEEE 802.11 系列无线网络设备组网或接入有线局域网。

AP 按照功能分为"胖"AP（FAT AP）和"瘦"AP（FIT AP）。

● "胖"AP 除承担无线射频信号接入外，还需实现 WLAN 网络管理、网络优化、DHCP 服务、DNS 服务及 VPN 接入、无线网络安全管理等安全功能，主要应用在家庭、小型商户或 SOHU 办公网络等场景中。

● "瘦"AP 减少"胖"AP 设备上交换、DNS、DHCP 等诸多无线网络管理功能，仅保留无线射频信号的接入，提供无线或有线信号转换、发射功能。

（4）无线控制器：无线控制器（Wireless Access Point Controller）是一种网络设备，是无线网络的核心，用来集中化控制 AP，负责管理无线网络中的所有 AP。对 AP 的管理包括：下发配置、修改相关配置参数、射频智能管理、接入安全控制等。

（5）无线天线：当无线网络中各网络设备相距较远时，随着信号的减弱，传输速率会明显下降，导致无法实现无线网络的正常通信。此时就要借助无线天线对所接收或发送的信号进行增强。

3. 无线局域网的基本配置方法

1）配置 AP 上线

（1）配置 AC 作为 DHCP 服务器，配置 Option 43 字段。

```
[AC-ip-pool-pool1] option code [ sub-option sub-code ] { ascii ascii-string
| hex hex-
    string | cipher cipher-string | ip-address ip-address
```

（2）创建域管理模板，并配置国家码。

① 进入 WLAN 视图。

```
[AC] wlan
[AC-wlan-view]
```

② 创建域管理模板，并进入模板视图，若模板已存在则直接进入模板视图。

```
[AC-wlan-view] regulatory-domain-profile name profile-name
[AC-wlan-regulate-domain-profile-name]
```

③ 配置设备的国家码标识。

```
[AC-wlan-regulate-domain-profile-name] country-code country-code
```

④ 创建 AP 组，并进入 AP 组视图，若 AP 组已存在则直接进入 AP 组视图。

```
[AC-wlan-view] ap-group name group-name
[AC-wlan-ap-group-group-name]
```

⑤ 将指定的域管理模板引用到 AP 或 AP 组。

```
[AC-wlan-ap-group-group-name] regulatory-domain-profile profile-name
```

（3）配置源接口或源地址。

① 配置 AC 与 AP 建立 CAPWAP 隧道的源接口。

```
[AC] capwap source interface { loopback loopback-number | vlanif vlan-id }
```

② 配置 AC 的源 IP 地址。

```
[AC] capwap source ip-address ip-address
```

（4）添加 AP 设备—离线导入 AP。

① 配置 AP 的认证模式为 MAC 地址认证，或者为 SN 认证，默认为 MAC 地址认证。

```
[AC-wlan-view] ap auth-mode { mac-auth | sn-auth }
```

② 离线增加 AP 设备或进入 AP 视图，并配置单个 AP 的名称。

```
[AC-wlan-view] ap-id ap-id [ [ type-id type-id | ap-type ap-type ] { ap-mac ap-mac |
 ap-sn ap-sn | ap-mac ap-mac ap-sn ap-sn } ]
[AC-wlan-ap-ap-id] ap-name ap-name
```

③ 配置 AP 所加入的组。

```
[AC-wlan-view] ap-id 0
[AC-wlan-ap-0] ap-group ap-group
```

（5）检查 AP 上线结果。

```
[AC] display ap { all | ap-group ap-group }}
```

2）配置 VAP

（1）创建 VAP 模板，并进入模板视图，若模板已存在则直接进入模板视图。

```
[AC-wlan-view] vap-profile name profile-name
[AC-wlan-vap-prof-profile-name]
```

（2）配置 VAP 模板下的数据转发方式，可以是直接转发或隧道转发。

```
[AC-wlan-vap-prof-profile-name] forward-mode { direct-forward | tunnel }
```

（3）配置业务 VLAN。

```
[AC-wlan-vap-prof-profile-name] service-vlan { vlan-id vlan-id | vlan-pool
pool-name }
```

（4）配置安全模板。

① 创建安全模板或进入安全模板视图。在默认情况下，系统已经创建名称为 default、default-wds 和 default-mesh 的安全模板。

```
[AC-wlan-view] security-profile name profile-name
[AC-wlan-sec-prof-profile-name]
```

② 在指定 VAP 模板中引用安全模板。

```
[AC-wlan-view] vap-profile name profile-name
[AC-wlan-vap-prof-profile-name] security-profile profile-name
```

（5）配置 SSID 模板。

① 创建 SSID 模板，并进入模板视图，若模板已存在则直接进入模板视图。在默认情况下，系统上存在名为 default 的 SSID 模板。

```
[AC-wlan-view] ssid-profile name profile-name
[AC-wlan-ssid-prof-profile-name]
```

② 配置当前 SSID 模板中的服务组合识别码 SSID（Service Set Identifier）。在默认情况下，SSID 模板中的 SSID 为 HUAWEI-WLAN。

```
[AC-wlan-ssid-prof-profile-name] ssid ssid
```

③ 在指定 VAP 模板中引用 SSID 模板。

```
[AC-wlan-view] vap-profile name profile-name
[AC-wlan-vap-prof-profile-name] ssid-profile profile-name
```

（6）引用 VAP 模板，在 AP 组中，将指定的 VAP 模板引用到射频。

```
[AC-wlan-view] ap-group name group-name
[AC-wlan-ap-group-group-name] vap-profile profile-name wlan wlan-id radio
 { radio-id | all } [ service-vlan { vlan-id vlan-id | vlan-pool pool-name } ]
```

（7）查看 VAP 信息。

```
[AC] display vap { ap-group ap-group-name | { ap-name ap-name | ap-id ap-id }
 [ radio radio-id ] } [ ssid ssid ]
[AC] display vap { all | ssid ssid }
```

3）配置射频

（1）进入射频视图。

```
[AC-wlan-view] ap-id 0
[AC-wlan-ap-0] radio radio-id
[AC-wlan-radio-0]
```

（2）配置指定射频的工作带宽和信道。

```
[AC-wlan-radio-0/0] channel { 20mhz | 40mhz-minus | 40mhz-plus | 80mhz | 160mhz }
 channel
[AC-wlan-radio-0/0] channel 80+80mhz channel1 channel2
```

（3）配置天线的增益。

```
[AC-wlan-radio-0/0] antenna-gain antenna-gain
```

（4）配置射频的发射功率。

```
[AC-wlan-radio-0/0] eirp eirp
```

（5）配置射频覆盖距离参数。

```
[AC-wlan-radio-0/0] coverage distance distance
```

（6）配置射频工作的频段。

```
[AC-wlan-radio-0/0] frequency { 2.4g | 5g }
```

（7）创建 2G 射频模板，并进入模板视图，若模板已存在则直接进入模板视图。

```
[AC-wlan-view] radio-2g-profile name profile-name
```

（8）引用射频模板，在 AP 组中，将指定的 2G 射频模板引用到 2G 射频。

```
[AC-wlan-view] ap-group name group-name
[AC-wlan-ap-group-group-name] radio-2g-profile profile-name radio
{ radio-id | all }
```

反思与总结

单元练习

1．常用的传输介质中，带宽最宽、信号传输衰减最小、抗干扰能力最强的一类传输介质是（　　）。

A．光纤　　　　　　　　　　　B．双绞线

C．同轴电缆　　　　　　　　　D．无线信道

2．决定局域网特性的几个主要技术中，最重要的是（　　）。

A．传输介质　　　　　　　　　B．媒体访问控制方法

C．拓扑结构　　　　　　　　　D．LAN 协议

3．VLAN 技术的优点不包括（　　）。

A．强通信的安全性　　　　　　B．对数据进行加密

C．划分虚拟工作组　　　　　　D．限制广播域范围

4．无线局域网 WLAN 使用的标准是（　　）。

A．802.11　　　　　　　　　　B．802.3

C．802.5　　　　　　　　　　　D．802.1

5．一座大楼内的一个计算机网络系统属于（　　）。

A．PAN　　　　　　　　　　　B．WAN

C．LAN　　　　　　　　　　　D．MAN

6．有关 VLAN 的概念，下面说法正确的是（　　）。

A．VLAN 是建立在路由器上、以软件方式实现的逻辑分组

B．可以使用交换机的端口划分 VLAN，也可以根据主机的 MAC 地址划分 VLAN

C．使用 IP 地址定义的 VLAN 比使用端口定义的 VLAN 安全性更高

D．同一个 VLAN 中的计算机不能分布在不同的物理网段上

7．交换机接口连接的作用是（　　）。

A．隔离广播域　　　　　　　　B．使用交换机的 MAC 地址作为目的

C．分割冲突域　　　　　　　　D．交换机的每个接口重新生成比特

8．广播以太帧将（　　）地址作为目的地址。

A．0.0.0.0　　　　　　　　　　B．255.255.255.255

C．FF-FF-FF-FF-FF-FF　　　　　D．0C-FA-98-23-AF-01

9．以太网总线上发生数据冲突时，结果将（　　）。

A．使用 CRC 值来修复数据帧

B．所有设备都停止传输，等待一段时间后再试

C．MAC 地址较小的设备停止传输，让 MAC 地址较大的设备先传输

D．MAC 子层有限传输 MAC 地址较小的数据帧

10．下列四项中，合法的 IP 地址是（　　）。

A．190.110.5.311　　　　　　　　　B．123.43.81.0

C．203.45.3.21　　　　　　　　　　D．94.3.2

11．下面哪个协议用于发现设备的硬件地址（　　）。

A．RARP　　　　　　　　　　　　B．ARP

C．IP　　　　　　　　　　　　　　D．ICMP

12．携带 ARP 请求报文的数据帧是（　　）。

A．广播帧　　　　　　　　　　　　B．组播帧

C．单播帧　　　　　　　　　　　　D．任播帧

13．携带 ARP 应答报文的数据帧是（　　）。

A．广播帧　　　　　　　　　　　　B．组播帧

C．单播帧　　　　　　　　　　　　D．任播帧

14．一台交换机有 8 个端口，一个单播帧从某一个端口进入该交换机，但交换机在 MAC 地址表中查不到该数据帧的目的 MAC 地址的表项，那么交换机对该数据帧进行转发操作时（　　）。

A．丢弃　　　　　　　　　　　　　B．泛洪

C．点对点转发　　　　　　　　　　D．可能泛洪，也可能点对点转发

15．一台交换机有 8 个端口，一个单播帧从某一个端口进入该交换机，交换机在 MAC 地址表中查到了该数据帧的目的 MAC 地址的表项，那么交换机对该数据帧进行转发操作时（　　）。

A．丢弃　　　　　　　　　　　　　B．泛洪

C．点对点转发　　　　　　　　　　D．可能泛洪，也可能点对点转发

单元 三

实现校园网互通

【知识目标】

1. 了解路由的基本概念和相关属性。

2. 了解静态路由的工作原理。

3. 了解 OSPF 的基本原理。

扫一扫，看微课

任务 1

【技能目标】

1. 掌握静态路由和默认路由的配置和调试方法。

2. 掌握单区域 OSPF 协议的配置和调试方法。

扫一扫，看微课

任务 2

【素养目标】

1. 通过实际应用，培养学生分析问题和解决问题的能力。

2. 通过任务分解，培养学生沟通与协作的能力。

3. 通过示范作用，培养学生严谨细致的工作态度和工作作风。

■■ 教学导航 ▨▨▨

知识重点	1. 路由器的工作原理 2. 路由表的生成方法和路由条目的相关属性
知识难点	1. 静态路由和默认路由的配置和调试方法 2. 单区域 OSPF 协议的配置和调试方法
推荐教学方式	从工作任务入手，通过默认路由的配置以及 OSPF 协议的配置，让学生从直观到抽象，逐步理解路由器的工作过程，掌握路由器的工作原理和配置方法
建议学时	6 学时
推荐学习方法	动手完成任务，在任务中逐渐了解路由器的工作过程，掌握路由器的工作原理和配置方法

任务 1 使用静态路由实现校园网与 Internet 连接

📖 【任务目标】

教学
操作
视频

1. 了解静态路由和默认路由的工作原理。

2. 掌握静态路由和默认路由的配置方法。

📖 【任务场景】

为了确保校园网访问 Internet 的可靠性，学校申请两条专线与运营商的 ISP1 和 ISP2 连接。在正常情况下，学校通过 ISP1 访问 Internet，当学校与 ISP1 连接的网络发生故障时，就切换到 ISP2 的链路上。也就是说，学校与 ISP2 连接的链路起到备份作用。校园网信息中心主任安排小张同学在模拟环境下完成测试，为设备上线运行奠定坚实的基础。

📖 【任务环境】

小张同学选用三台华为路由设备模拟网络环境，其中一台模拟校园网的边界路由器，另外两台模拟 ISP 网络设备，在路由器上用环回接口模拟 Internet 上的主机和校园网上的主机，IP 地址分配表如表 3-1 所示，网络拓扑如图 3-1 所示。

表 3-1

设　　备	接　　口	IP 地 址	子 网 掩 码
R1	GE0/0/0	202.96.12.1	255.255.255.252
	S0/0/0	212.96.13.1	255.255.255.252
	Loopback0	10.0.0.1	255.255.255.0
ISP1	GE0/0/0	202.96.12.2	255.255.255.252
	Loopback0	12.0.0.1	255.255.255.0
ISP2	S0/0/0	212.96.13.2	255.255.255.252
	Loopback0	13.0.0.1	255.255.255.0

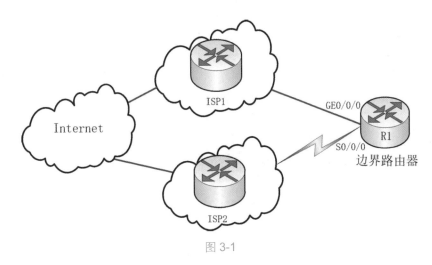

图 3-1

【任务实施】

1. 基本配置

根据网络拓扑图连接设备和 IP 地址分配表配置各个路由接口的 IP 地址，并测试直连路由的连通性。

（1）配置路由器 R1 接口的 IP 地址，配置命令如下所示。

```
<Huawei>system-view
[Huawei]sysname R1
[R1]interface GigabitEthernet0/0/0
[R1-GigabitEthernet0/0/0]ip address 202.96.12.1 30
[R1-GigabitEthernet0/0/0]undo shutdown
[R1-GigabitEthernet0/0/0]quit
[R1]interface Serial 0/0/0
[R1-Serial0/0/0]ip address 202.96.13.1 30
[R1-Serial0/0/0]undo shutdown
```

```
[R1-Serial0/0/0]quit
[R1]interface LoopBack 0
[R1-LoopBack0]ip address 10.0.0.1 24
[R1-LoopBack0]quit
```

（2）配置路由器 ISP1 接口的 IP 地址，配置命令如下所示。

```
<Huawei>system-view
[Huawei]sysname ISP1
[ISP1] interface GigabitEthernet0/0/0
[ISP1-GigabitEthernet0/0/0]ip address 202.96.12.2 30
[ISP1-GigabitEthernet0/0/0]undo shutdown
[ISP1-GigabitEthernet0/0/0]quit
[ISP1]interface LoopBack 0
[ISP1-LoopBack0]ip address 12.0.0.1 24
[ISP1-LoopBack0]quit
```

（3）配置路由器 ISP2 接口的 IP 地址，配置命令如下所示。

```
<Huawei>system-view
[Huawei]sysname ISP2
[ISP2] interface Serial 0/0/0
[ISP2-Serial0/0/0]ip address 202.96.13.2 30
[ISP2-Serial0/0/0]undo shutdown
[ISP2-Serial0/0/0]quit

[ISP2]interface LoopBack 0
[ISP2-LoopBack0]ip address 13.0.0.1 24
[ISP2-LoopBack0]quit
```

（4）使用 ping 命令测试 R1 和 ISP1、ISP2 之间的连通性，命令及显示结果如下所示。

```
[R1]ping 202.96.12.2
 PING 202.96.12.2: 56  data bytes, press CTRL_C to break
   Reply from 202.96.12.2: bytes=56 Sequence=1 ttl=255 time=70 ms
   Reply from 202.96.12.2: bytes=56 Sequence=2 ttl=255 time=50 ms
   Reply from 202.96.12.2: bytes=56 Sequence=3 ttl=255 time=20 ms
   Reply from 202.96.12.2: bytes=56 Sequence=4 ttl=255 time=50 ms
   Reply from 202.96.12.2: bytes=56 Sequence=5 ttl=255 time=30 ms

 --- 202.96.12.2 ping statistics ---
   5 packet(s) transmitted
   5 packet(s) received
   0.00% packet loss
   round-trip min/avg/max = 20/44/70 ms
```

```
[R1]ping 202.96.13.2
 PING 202.96.13.2: 56  data bytes, press CTRL_C to break
   Reply from 202.96.13.2: bytes=56 Sequence=1 ttl=255 time=70 ms
   Reply from 202.96.13.2: bytes=56 Sequence=2 ttl=255 time=50 ms
   Reply from 202.96.13.2: bytes=56 Sequence=3 ttl=255 time=20 ms
   Reply from 202.96.13.2: bytes=56 Sequence=4 ttl=255 time=50 ms
   Reply from 202.96.13.2: bytes=56 Sequence=5 ttl=255 time=30 ms

 --- 202.96.13.2 ping statistics ---
   5 packet(s) transmitted
   5 packet(s) received
   0.00% packet loss
   round-trip min/avg/max = 20/44/70 ms
```

2．在 R1 上配置校园网到 ISP1、ISP2 的默认路由

（1）配置校园网到 ISP1 的默认路由，配置命令如下所示。

```
[R1]ip route-static 0.0.0.0 0.0.0.0 202.96.12.2
```

（2）配置校园网到 ISP2 的浮动路由，此路由为备份路由，配置命令如下所示。

```
[R1]ip route-static 0.0.0.0 0.0.0.0 202.96.13.2 preference 70
```

3．在 ISP1 和 ISP2 上配置 Internet 到 R1 的默认路由

（1）在 ISP1 上配置 Internet 到 R1 的默认路由，配置命令如下所示。

```
[ISP1]ip route-static 0.0.0.0 0.0.0.0 202.96.12.1
```

（2）在 ISP2 上配置 Internet 到 R1 的默认路由，配置命令如下所示。

```
[ISP2]ip route-static 0.0.0.0 0.0.0.0 202.96.13.1
```

4．测试网络连通性

（1）使用 display ip routing-table 命令查看 R1 的路由表，命令及显示结果如下所示。

```
[R1]display ip routing-table
Route Flags: R - relay, D - download to fib
------------------------------------------------------------------------------
--
Routing Tables: Public
        Destinations : 10      Routes : 10

Destination/Mask    Proto   Pre  Cost      Flags NextHop         Interface

   0.0.0.0/0    Static  60    0          RD   202.96.12.2     GigabitEthernet0/0/0
   10.0.0.0/24  Direct  0     0          D    10.0.0.1        LoopBack0
   10.0.0.1/32  Direct  0     0          D    127.0.0.1       LoopBack0
```

```
 127.0.0.0/8    Direct  0   0        D   127.0.0.1     InLoopBack0
  127.0.0.1/32  Direct  0   0        D   127.0.0.1     InLoopBack0
202.96.12.0/30  Direct  0   0        D   202.96.12.1   GigabitEthernet0/0/0
202.96.12.1/32  Direct  0   0        D   127.0.0.1     GigabitEthernet0/0/0
202.96.13.0/30  Direct  0   0        D   202.96.13.1   Serial0/0/0
202.96.13.1/32  Direct  0   0        D   127.0.0.1     Serial0/0/0
202.96.13.2/32  Direct  0   0        D   202.96.13.2   Serial0/0/0
```

（2）使用 ping 命令测试网络连通性，命令及显示结果如下所示。

```
[R1]ping 12.0.0.1
 PING 12.0.0.1: 56  data bytes, press CTRL_C to break
  Reply from 12.0.0.1: bytes=56 Sequence=1 ttl=255 time=50 ms
  Reply from 12.0.0.1: bytes=56 Sequence=2 ttl=255 time=50 ms
  Reply from 12.0.0.1: bytes=56 Sequence=3 ttl=255 time=40 ms
  Reply from 12.0.0.1: bytes=56 Sequence=4 ttl=255 time=50 ms
  Reply from 12.0.0.1: bytes=56 Sequence=5 ttl=255 time=50 ms

 --- 12.0.0.1 ping statistics ---
  5 packet(s) transmitted
  5 packet(s) received
  0.00% packet loss
  round-trip min/avg/max = 40/48/50 ms
```

问题：此时在 R1 上能否 ping 通 13.0.0.1？

（3）使用 shutdown 命令关闭 R1 的 GigabitEthernet0/0/0 接口，并查看路由表，配置命令及显示结果如下所示。

```
[R1]interface GigabitEthernet0/0/0
[R1-GigabitEthernet0/0/0]shutdown
[R1-GigabitEthernet0/0/0]quit
[R1]display ip routing-table
Route Flags: R - relay, D - download to fib
------------------------------------------------------------------------------
Routing Tables: Public
       Destinations : 8        Routes : 8

Destination/Mask    Proto   Pre  Cost       Flags NextHop        Interface

   0.0.0.0/0        Static  70   0          RD    202.96.13.2    Serial0/0/0
  10.0.0.0/24   Direct  0    0          D     10.0.0.1       LoopBack0
  10.0.0.1/32   Direct  0    0          D     127.0.0.1      LoopBack0
 127.0.0.0/8    Direct  0    0          D     127.0.0.1      InLoopBack0
 127.0.0.1/32   Direct  0    0          D     127.0.0.1      InLoopBack0
```

```
202.96.13.0/30  Direct  0   0           D   202.96.13.1   Serial0/0/0
202.96.13.1/32  Direct  0   0           D   127.0.0.1     Serial0/0/0
202.96.13.2/32  Direct  0   0           D   202.96.13.2   Serial0/0/0
```

问题：此时在 R1 上能否 ping 通 12.0.0.1 和 13.0.0.1？

5. 保存配置

在 R1 上使用 save 命令保存配置信息，配置命令如下所示。

```
[R1]quit
<R1>save
The current configuration will be written to the device.
Are you sure to continue?[Y/N]y
Now saving the current configuration to the slot 17.
Aug  5 2021 23:18:53-08:00 R1 %%01CFM/4/SAVE(l)[4]:The user chose Y when decidin
g whether to save the configuration to the device.
Save the configuration successfully.
```

在 ISP1 和 ISP2 上执行相同操作。

 【相关知识】

1. 路由技术

1）路由原理

路由（Route）是把数据包从源发送到目的地的行为和动作。路由包含两个基本动作：确定最佳路径和通过网络传输信息。路由器是执行路由的设备，是网络互联的核心，它可以连接多个网络。当路由器从某个接口收到 IP 数据包时，它确定使用哪个接口将数据包转发到目的地。路由器通过路由表确定转发数据包的最佳路径，当路由器收到数据包时，它提取检查数据包的目的 IP 地址，并在路由表中搜索最匹配的网络地址，如果匹配成功，路由器将 IP 数据包封装到与接口相应的数据链路帧中进行转发。数据链路帧可以是以太帧、PPP 帧或 HDLC 帧等，它取决于路由器接口的类型及其连接的介质类型。图 3-2 展示了数据包从主机 A 到达主机 B 的过程：当主机 A 发送 IP 数据包给主机 B 时，IP 数据包先发送给路由器 R1，路由器 R1 收到封装在以太网帧中的数据包，将数据包解封，使用数据包的目的 IP 地址搜索路由表，查找匹配的网络地址。在路由表中找到目的地网络地址后，路由器 R1 将数据包封装到 PPP 帧中，然后将数据包转发给路由器 R2。路由器 R2 执行类似过程，最后到达主机 B。

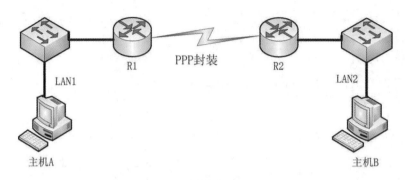

图 3-2

2）路由协议的分类

路由设备之间要相互通信，需要通过路由协议相互学习，构建一个到达其他设备的路由信息表，并根据路由表实现 IP 数据包的转发。路由协议常见的分类方式如表 3-2 所示。

表 3-2

根据路由算法分类	距离矢量路由协议：通过判断数据包从源主机到目的主机所经过的路由器的个数决定选择哪条路由，如 RIP 协议
	链路状态路由协议：综合考虑从源主机到目的主机之间的各种情况（如带宽、延迟、可靠性等因素），选择最优路径，如 OSPF 协议
根据工作范围分类	内部网关协议（Interior Gateway Protocol，IGP）：在一个自治系统内部进行路由信息交换的路由协议，如 RIP、OSPF 和 IS-IS 协议等
	外部网关协议（Exterior Gateway Protocol，EGP）：在不同自治系统之间进行路由信息交换的路由协议，如 BGP 协议
根据建立路由表的方式分类	静态路由协议：由网络管理人员手动配置路由器的路由信息表
	动态路由协议：路由器之间通过路由信息的交换生成并维护路由信息表。当网络拓扑结构改变时动态路由协议可以自动更新路由表，并负责决定数据传输最佳路径

3）路由信息的来源

路由表中路由信息的来源有 3 种，分别是直连路由、静态路由和动态路由。

（1）直连路由：当路由设备启动后，在设备上配置接口的 IP 地址，并且接口状态为 Up 时，管理员就不需要进行任何配置，直连路由就会出现在路由表中。如下代码所示，在路由器 R1 的路由表中有两条直连路由，可以推断 R1 的 GigabitEthernet0/0/0 接口状态为 Up 状态，并根据下一跳接口的 IP 地址 202.96.12.1/30 推断出接口所在的网络地址 202.96.12.0/30。

```
[R1]display ip routing-table
Route Flags: R - relay, D - download to fib
--------------------------------------------------------------------------------
```

```
Routing Tables: Public
        Destinations : 10      Routes : 10

Destination/Mask    Proto   Pre  Cost    Flags NextHop      Interface

  202.96.12.0/30  Direct  0    0         D    202.96.12.1   GigabitEthernet0/0/0
  202.96.12.1/32  Direct  0    0         D    127.0.0.1     GigabitEthernet0/0/0
```

（2）静态路由：静态路由需要管理员通过命令手动添加到路由表中。在简单的网络中，管理员手动配置静态路由是一种非常方便的方法。在复杂的网络中，手动搭建静态路由环境虽不可取，但它仍然可以作为这种网络的有效补充。如下代码所示，R1 的路由表中有一条属性为 Static 的路由信息，这条路由就是静态路由。

```
[R1]display ip routing-table
Route Flags: R - relay, D - download to fib
------------------------------------------------------------------------
Routing Tables: Public
        Destinations : 8       Routes : 8

Destination/Mask    Proto   Pre  Cost    Flags NextHop        Interface

  12.0.0.0/24    Static  70   0         RD   202.96.13.2    Serial0/0/0
  10.0.0.0/24    Direct  0    0         D    10.0.0.1       LoopBack0
  10.0.0.1/32    Direct  0    0         D    127.0.0.1      LoopBack0
```

（3）动态路由：动态路由是路由器从相邻路由器那里学习来的路由信息。每台路由器将自己路由表中的路由信息分享给其他路由器，从而使各个路由器获得了其他路由器路由表中的信息。为实现路由器相互分享路由信息而定义的标准称为动态路由协议。

路由器之间要想分享路由信息，需要采用相同的动态路由协议。在默认情况下，路由器并不会运行任何动态路由协议，也不会学习相邻路由设备的路由信息。因此，要想让路由器通过动态路由协议获取路由信息，也需要管理员对路由器进行配置。

4）路由的优先级

路由的优先级也称路由的"管理距离"，是一个正整数，其取值范围为 0～255。它用于指定路由协议的优先级。一台路由器上可以同时运行多个路由协议，并且每个路由协议都把自己生成的路由当成最好的路由写入路由表中。这样到达同一目的地址的路由，是通过不同路由选择协议而来的。每个路由协议都有自己的度量值，但是不同协议间的度量值含义不同，也没有可比性。路由器必须选择其中一个路由协议计算出来的最佳路径作为转发路径加入路由表中。在实际的应用中，路由器选择路由协议的依据就是路由的优先级。路由器给不同的路由协议赋予不同的优先级，其数值越小优先级越高。当到达同一个目的地址有多条路由时，可以根据优先级的大小选择优先级数值最小的作为最优路由，并将这条路由写进路由表中。路由的优先级如表 3-3 所示。

表 3-3

路 由 类 型	优先级默认值
直连路由	0
OSPF 协议路由	10
静态路由	60
RIP 路由	100
BGP 路由	255

注意：

不同厂商之间的定义可能不太一样，但是各种路由协议的优先级都可由用户通过命令手工进行修改（直连路由的优先级一般不能修改）。

5）路由的开销

路由的开销（也称路由的花费）是路由的一个非常重要的属性。一条路由的开销是指到达这条路由目的地需要付出的代价值。当同一种路由协议有多条路由可以到达同一目标网络时，将优先选择开销最小的路由加入路由表中。不同的路由协议对开销的定义是不同的。例如，RIP 协议选择"跳数"作为开销，OSPF 协议选择带宽作为开销。

当同一种路由协议发现有多条路由可以到达同一目的地时，如果这些路由开销是相等的，那么这些路由称为等价路由。在这种情况下，这些路由都会被加入路由表中。

由于不同路由协议对于开销的具体定义是不同的，开销值大小的比较只在同一种路由协议内才有意义，不同路由协议之间的开销值没有可比性，也不存在换算关系。

2．静态路由技术

静态路由是指用户或网络管理员手动配置的路由。当网络拓扑结构或链路状态发生变化时，需要用户或网络管理员手动修改路由表中的相关信息。静态路由信息在默认情况下是私有的，不会传递给其他路由器。

1）静态路由的特点

静态路由不会随着网络拓扑的改变而自动调整，路由器之间不会传递通告消息，这样可以节省网络带宽和路由器的资源。静态路由适合小型网络或结构稳定的网络。表 3-4 为静态路由和动态路由功能的比较。

表 3-4

	静 态 路 由	动 态 路 由
对资源的占用率	不占额外资源	占 CPU、RAM 和链路带宽
配置的复杂程度	网络规模增大配置趋于复杂	不受网络规模的限制
拓扑改变的影响	需要管理员维护变化的路由	能自动适应网络拓扑的变化
网络安全性影响	更安全	不安全
网络拓扑的适应	简单的网络拓扑	简单和复杂的网络拓扑均可

2）静态路由的应用

静态路由一般适用于比较简单或对安全有特别要求的网络环境。静态路由应用场景的主要特点是即使手动维护路由信息，其工作量也不是很大或能够被用户接受，其主要应用场景如表 3-5 所示。

表 3-5

应 用 场 景	场 景 描 述
小型网络	网络中仅含几台路由设备，且不会显著增长
末节网络	只能通过单条路径访问的网络，路由器只有一个邻居
通过单 ISP 接入 Internet	园区网边界路由器接入 ISP 的网络环境

3）静态路由的类型

静态路由主要有 4 种类型。

（1）标准静态路由：普通的、常规的通往目的网络的路由。

（2）默认静态路由：将 0.0.0.0/0 作为目的网络的路由，可以匹配所有数据包。

（3）汇总静态路由：将多条静态路由汇总成一条静态路由，可以减少路由的条目，优化路由表。

（4）浮动静态路由：为一条路由提供备份的静态路由，当链路出现故障时选择使用备用链路。

4）静态路由配置语法

```
ip route-static dest-address {mask | mask-length} {gateway-address |
intface-type interface-number} {preference preference-value }
```

命令参数解释如下。

（1）dest-address：目的地址，采用点分十进制的方式表示，可以是网络地址、IP 地址或一个汇聚的地址。

（2）mask | mask-length：可以是子网掩码或子网掩码的长度。

（3）gateway-address：下一跳地址，即数据包转发到目的地时，邻居路由器入口的 IP 地址。

（4）intface-type interface-number：本地出接口。

（5）preference preference-value：表示路由的优先级，其默认值为 60。

5）静态路由配置案例

（1）标准静态路由和默认路由的配置。如图 3-3 所示，在 R1 上配置标准静态路由和默认路由。

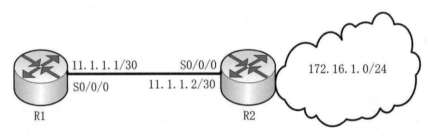

图 3-3

① 在 R1 上配置标准静态路由，配置命令如下所示。

```
[R1] ip route-static 172.16.1.0 24 s0/0/0
```

此外管理员还可以使用以下 3 种命令参数组合配置这条静态路由。

```
[R1] ip route-static 172.16.1.0 255.255.255.252 s0/0/0
[R1] ip route-static 172.16.1.0 24 11.1.1.2
[R1] ip route-static 172.16.1.0 24 s0/0/0 11.1.1.2
```

管理员可以根据喜好任意选择掩码的配置方式，选择哪种配置方式都不会对路由器的后续转发行为产生影响。

② 在 R1 上配置默认路由，配置命令如下所示。

```
R1] ip route-static 0.0.0.0 0.0.0.0 s0/0/0
```

如果网络设备的路由表中存在默认路由，那么当一个待发送或待转发的 IP 数据包不能匹配路由表中的任何非默认路由时，就会根据默认路由进行发送或转发；如果网络设备的路由表中不存在默认路由，那么当一个待发送或待转发的 IP 数据包不能匹配路由表中任何路由时，该 IP 数据包就会被直接丢弃。

（2）汇总静态路由配置。如图 3-4 所示，在 R1 上配置汇总静态路由。

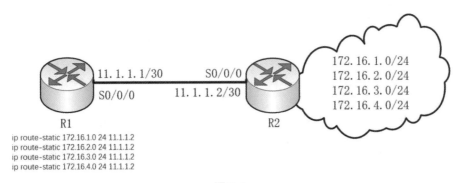

图 3-4

从图 3-4 可以看到 4 条以 ip route-static 命令开头的标准静态路由，通过静态路由汇总，使用一条命令实现相同的效果。汇总静态路由的配置命令如下所示。

```
[R1] ip route-static 172.16.1.0 16 11.1.1.2
```

这种将多个路由条目进行汇总的方式称为路由汇总。在大型网络中，使用路由汇总技术进行网络优化设计。

（3）浮动静态路由配置。如图 3-5 所示，在 R1 上配置浮动静态路由。

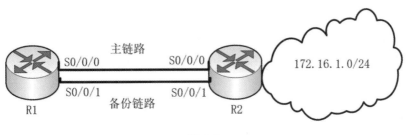

图 3-5

在图 3-5 中，R1 去往目标网络 172.16.1.0/24 有两条静态路由，通过修改其中一条静态路由的优先级，使其成为另一条路由的备份路由。备份路由即浮动静态路由，其配置命令如下所示。

```
[R1] ip route-static 172.16.1.0 255.255.255.252 s0/0/0
[R1] ip route-static 172.16.1.0 255.255.255.252 s0/0/1 preference 100
```

第二条静态路由的配置命令中使用了关键字 preference，这是用来设置静态路由优先级的参数，它的取值范围为 1～255，默认值为 60。优先级的取值越小，其优先级越高。在本例中，当 s0/0/0 接口连接的链路失效时，路由器才会启用 s0/0/1 接口连接的链路，因为前者的优先级高于后者的优先级。

任务 2 使用 OSPF 协议实现校园网互通

教学
操作
视频

【任务目标】

1．了解 OSPF 协议的特征和工作原理。

2．掌握单区域 OSPF 协议的配置方法。

【任务场景】

随着招生规模日益扩大，学校原有空间已经无法容纳更多的学生，学校决定扩展校区范围。经过友好协商，学校和附近两所中专学校进行合并。为实现网络的统一管理，共享网络资源，校园网信息中心决定把三个校区的网络连接为一个整体，并委托信息中心李工程师带领小张同学一起完成这个任务。由于新并入的学校建有自己的网络，和学校使用的子网地址不同，李工程师决定使用 OSPF 协议完成子网之间的互联互通。

【任务环境】

三个校区的校园网络分别通过 3 台华为路由器互联，整个网络运行 OSPF 协议，其 IP地址分配表如表 3-6 所示，网络拓扑如图 3-6 所示。

表 3-6

设　　备	接　　口	IP 地　址	子网掩码
R1	GE0/0/0	172.16.12.1	255.255.255.0
	GE0/0/1	172.16.13.1	255.255.255.0
	GE0/0/2	10.1.1.1	255.255.255.0
R2	GE0/0/0	172.16.12.2	255.255.255.0
	GE0/0/1	10.2.2.1	255.255.255.0
	GE0/0/2	172.16.23.1	255.255.255.0
R3	GE0/0/0	10.3.3.1	255.255.255.0
	GE0/0/1	172.16.13.2	255.255.255.0
	GE0/0/2	172.16.23.2	255.255.255.0

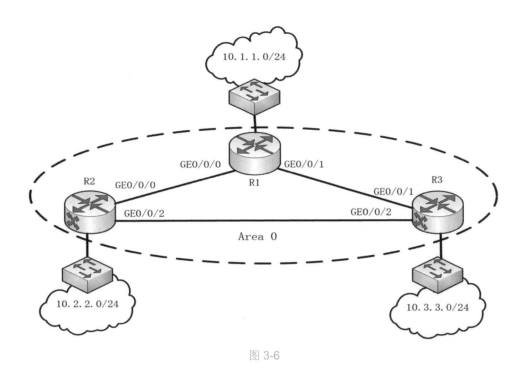

图 3-6

【任务实施】

1. 网络基本配置

根据 IP 地址分配表配置各个路由器接口的 IP 地址，并测试直连路由的连通性。

（1）配置路由器 R1 接口的 IP 地址，配置命令如下所示。

```
<Huawei>system-view
[Huawei]sysname R1
[R1]interface GigabitEthernet0/0/0
[R1-GigabitEthernet0/0/0]ip address 172.16.12.1 24
[R1-GigabitEthernet0/0/0]undo shutdown
[R1-GigabitEthernet0/0/0]quit
[R1]interface GigabitEthernet0/0/1
[R1-GigabitEthernet0/0/1]ip address 172.16.13.1 24
[R1-GigabitEthernet0/0/1]undo shutdown
[R1-GigabitEthernet0/0/1]quit
[R1]interface GigabitEthernet0/0/2
[R1-GigabitEthernet0/0/2]ip address 10.1.1.1 24
[R1-GigabitEthernet0/0/2]undo shutdown
[R1-GigabitEthernet0/0/2]quit
```

（2）配置路由器 R2 接口的 IP 地址，配置命令如下所示。

```
<Huawei>system-view
[Huawei]sysname R2
[R2]interface GigabitEthernet0/0/0
[R2-GigabitEthernet0/0/0]ip address 172.16.12.2 24
[R2-GigabitEthernet0/0/0]undo shutdown
[R2-GigabitEthernet0/0/0]quit
[R2]interface GigabitEthernet0/0/1
[R2-GigabitEthernet0/0/1]ip address 10.2.2.1 24
[R2-GigabitEthernet0/0/1]undo shutdown
[R2-GigabitEthernet0/0/1]quit
[R2]interface GigabitEthernet0/0/2
[R2-GigabitEthernet0/0/2]ip address 172.16.23.1 24
[R2-GigabitEthernet0/0/2]undo shutdown
[R2-GigabitEthernet0/0/2]quit
```

（3）配置路由器 R3 接口的 IP 地址，配置命令如下所示。

```
<Huawei>system-view
[Huawei]sysname R3
[R3]interface GigabitEthernet0/0/0
[R3-GigabitEthernet0/0/0]ip address 10.3.3.1 24
[R3-GigabitEthernet0/0/0]undo shutdown
[R3-GigabitEthernet0/0/0]quit
[R3]interface GigabitEthernet0/0/1
[R3-GigabitEthernet0/0/1]ip address 172.16.13.2 24
[R3-GigabitEthernet0/0/1]undo shutdown
[R3-GigabitEthernet0/0/1]quit
[R3]interface GigabitEthernet0/0/2
[R3-GigabitEthernet0/0/2]ip address 172.16.23.2 24
[R3-GigabitEthernet0/0/2]undo shutdown
[R3-GigabitEthernet0/0/2]quit
```

（4）使用 ping 命令测试 R1 和 R2、R3 之间的连通性，命令及显示结果如下所示。

```
[R1]ping 172.16.12.2
 PING 172.16.12.2: 56  data bytes, press CTRL_C to break
   Reply from 172.16.12.2: bytes=56 Sequence=1 ttl=255 time=70 ms
   Reply from 172.16.12.2: bytes=56 Sequence=2 ttl=255 time=50 ms
   Reply from 172.16.12.2: bytes=56 Sequence=3 ttl=255 time=20 ms
   Reply from 172.16.12.2: bytes=56 Sequence=4 ttl=255 time=50 ms
   Reply from 172.16.12.2: bytes=56 Sequence=5 ttl=255 time=30 ms

 --- 172.16.12.2 ping statistics ---
```

```
   5 packet(s) transmitted
   5 packet(s) received
   0.00% packet loss
   round-trip min/avg/max = 20/44/70 ms

[R1]ping 172.16.13.2
 PING 172.16.13.2: 56  data bytes, press CTRL_C to break
   Reply from 172.16.13.2: bytes=56 Sequence=1 ttl=255 time=70 ms
   Reply from 172.16.13.2: bytes=56 Sequence=2 ttl=255 time=50 ms
   Reply from 172.16.13.2: bytes=56 Sequence=3 ttl=255 time=20 ms
   Reply from 172.16.13.2: bytes=56 Sequence=4 ttl=255 time=50 ms
   Reply from 172.16.13.2: bytes=56 Sequence=5 ttl=255 time=30 ms

 --- 172.16.13.2 ping statistics ---
   5 packet(s) transmitted
   5 packet(s) received
   0.00% packet loss
   round-trip min/avg/max = 20/44/70 ms
```

2. 完成 OSPF 协议的配置

（1）在路由器 R1 上配置 OSPF 协议，配置命令如下所示。

```
[R1] ospf 1 router-id 1.1.1.1
[R1-ospf-1]area 0
[R1-ospf-1-area-0.0.0.0]network 172.16.12.1 0.0.0.0
[R1-ospf-1-area-0.0.0.0]network 172.16.13.1 0.0.0.0
[R1-ospf-1-area-0.0.0.0]network 10.1.1.1
```

（2）在路由器 R2 上配置 OSPF 协议，配置命令如下所示。

```
[R2] ospf 1 router-id 2.2.2.2
[R2-ospf-1]area 0
[R2-ospf-1-area-0.0.0.0]network 172.16.12.2 0.0.0.0
[R2-ospf-1-area-0.0.0.0]network 172.16.23.1 0.0.0.0
[R2-ospf-1-area-0.0.0.0]network 10.2.2.1
```

（3）在路由器 R3 上配置 OSPF 协议，配置命令如下所示。

```
[R3] ospf 1 router-id 3.3.3.3
[R3-ospf-1]area 0
[R3-ospf-1-area-0.0.0.0]network 172.16.13.2 0.0.0.0
[R3-ospf-1-area-0.0.0.0]network 172.16.23.2 0.0.0.0
[R3-ospf-1-area-0.0.0.0]network 10.3.3.1
```

3. 任务调试

（1）在路由器 R1 上使用"display ospf peer brief"命令查看路由器的邻居信息，命令及显示结果如下所示。

```
[R1]display ospf peer brief

    OSPF Process 1 with Router ID 1.1.1.1
        Peer Statistic Information
 ----------------------------------------------------------------
 Area Id         Interface                   Neighbor id     State
 0.0.0.0         GigabitEthernet0/0/0          2.2.2.2        Full
 0.0.0.0         GigabitEthernet0/0/1          3.3.3.3        Full
 ----------------------------------------------------------------
```

（2）在路由器 R1 上使用 "display ip routing-table protocol ospf" 命令查看 OSPF 路由表，命令及显示结果如下所示。

```
[R1]display ip routing-table protocol ospf
Route Flags: R - relay, D - download to fib
-----------------------------------------------------------------
Public routing table : OSPF
      Destinations : 3      Routes : 4

OSPF routing table status : <Active>
      Destinations : 3      Routes : 4

Destination/Mask   Proto Pre Cost  Flags  NextHop       Interface

      10.2.2.0/24  OSPF   10  2      D   172.16.12.2   GigabitEthernet0/0/0
      10.3.3.0/24  OSPF   10  2      D   172.16.13.2   GigabitEthernet0/0/1
   172.16.23.0/24  OSPF   10  2      D   172.16.13.2   GigabitEthernet0/0/1
                   OSPF   10  2      D   172.16.12.2   GigabitEthernet0/0/0

OSPF routing table status : <Inactive>
      Destinations : 0      Routes : 0
```

【相关知识】

OSPF 协议作为一种链路状态型路由协议，其工作方式与距离矢量型路由协议存在本质的区别。运行 OSPF 协议的路由器会首先通过启用 OSPF 的接口寻找同样运行 OSPF 协议的路由器，并且判断双方是否应该相互交换链路状态信息。接下来，能够交换链路状态信息的路由器之间就开始共享链路状态信息，这样做的目的是让同一个 OSPF 区域内的每一台路由器拥有相同的链路状态数据库。最后，每一台路由器对本地链路状态数据库进行运算，获得去往各个网络的最优路由。

1. OSPF 协议特点

1）适合大型网络

OSPF 协议对于路由的跳数没有限制，支持大规模的网络。在组播的网络中，OSPF 协议能够支持数十台路由器一起工作，能用在许多场合。

2）组播触发式更新

OSPF 协议在收敛完成后，会以触发更新的方式给其他路由器发送拓扑变化的信息。在使用组播的网络结构中，组播触发更新的方式可降低对其他网络设备的干扰。

3）收敛速度快

OSPF 采用周期较短的 Hello 报文维护邻居状态。如果网络结构发生变化，OSPF 协议即刻发出拓扑变化信息，从而使新的拓扑信息迅速扩散到整个网络。

4）以开销作为度量值

OSPF 协议在设计时，就考虑到了链路带宽对路由度量值的影响。OSPF 协议是以开销值作为标准的，链路开销和链路带宽形成反比的关系，带宽越宽，开销就越小，这样一来，OSPF 协议选择路由主要基于带宽因素。

5）避免路由环路

OSPF 协议使用最短路径的算法，根据收到的链路状态计算路由并生成最佳路径，这样不会产生路由环路。

2. OSPF 协议的运行步骤

1）建立路由器的邻居关系

所谓邻居关系是指 OSPF 路由器以交换路由信息为目的，在所选择的相邻路由器之间建立的一种关系。路由器首先发送拥有自身路由器 ID 信息的 Hello 包，如果与之相邻的路由器收到这个 Hello 包，就将这个包内的路由器 ID 信息加入自己的 Hello 包内的邻居列表中。

如果路由器的某接口收到其他路由器发送的含有自身路由器 ID 信息的 Hello 包，则根据该接口所在的网络类型确定是否可以建立邻居关系。在点对点网络中，路由器将直接和对端路由器建立邻居关系，并且该路由器将直接进入第三步操作。若为多路访问网络，该路由器将进入 DR 选举步骤。

2）选举 DR/BDR

多路访问网络通常有多个路由器，在这种状况下，OSPF 需要建立起作为链路状态更新和 LSA 的中心节点，即 DR 和 BDR。DR 选举利用 Hello 包内的路由器 ID 和优先级（Priority）字段值确定。优先级值最高的路由器被选举为 DR，优先级值次高的路由器被选举为 BDR。如果优先级值相同，则路由器 ID 最高的路由器被选举为 DR。

3）发现路由器

路由器与路由器之间首先利用 Hello 包的路由器 ID 信息确认主从关系，然后主从路由器相互交换链路状态信息摘要。每个路由器对摘要信息进行分析比较，如果收到的信息有新的内容，路由器将要求对方发送完整的链路状态信息。这个状态完成后，路由器之间建立完全邻接（Full Adjacency）关系。

4）选择适当的路由

当一个路由器拥有完整的链路状态数据库后，OSPF 路由器依据链路状态数据库的内容，独立使用 SPF 算法计算出到每一个目的网络的最优路径，并将该路径存入路由表中。OSPF 利用开销（Cost）计算到目的网络的最优路径，Cost 最小者即最优路径。

5）维护路由信息

当链路状态发生变化时，OSPF 通过泛洪过程通告网络上的其他路由器。OSPF 路由器接收到包含新信息的链路状态更新数据包后，将更新自己的链路状态数据库，然后用 SPF 算法重新计算路由表。在重新计算过程中，路由器继续使用旧路由表，直到 SPF 完成新的路由表计算。新的链路状态信息将发送给其他路由器。

3．OSPF 协议配置步骤

（1）执行命令 system-view，进入系统视图。

（2）执行命令 ospf [process-id] [router-id router-id]，启动 OSPF 进程，进入 OSPF 视图。

（3）执行命令 area area-id，进入 OSPF 区域视图。

（4）执行命令 network ip-address wildcard-mask，配置区域所包含的网段。

（5）配置 OSPF 区域认证方式（可选配置）。

执行命令 authentication-mode simple { [plain] plain-text | cipher cipher-text }，配置 OSPF 区域的验证模式（简单验证）。

执行命令 authentication-mode { md5 | hmac-md5 } [key-id { plain plain-text | [cipher] cipher-text }]，配置 OSPF 区域的验证模式（md5 验证）。

注意：

（1）router-id 建议配置 OSPF 进程的时候，首先规划好 Router ID，然后手动配置 router-id。

（2）network 处的网段是指运行 OSPF 协议的接口 IP 地址所在的网段。一个网段只能属于一个区域。

（3）authentication-mode 使用区域验证时，一个区域中的所有路由器在该区域下的验证模式和口令必须一致。

反思与总结

单元练习

1. 哪种网络设备可以屏蔽过量的广播流量（　　　）。

A. 交换机　　　　　　　　　　　　B. 路由器

C. 集线器　　　　　　　　　　　　D. 防火墙

2. 以下哪个是路由信息中所不包含的（　　　）。

A. 源地址　　　　　　　　　　　　B. 下一跳

C. 目标网络　　　　　　　　　　　D. 路由权值

3. 下列关于 OSPF 协议的描述中，错误的是（　　　）。

A. OSPF 使用分布式链路状态协议

B. 链路状态"度量"主要是指费用、距离、延迟、带宽等

C. 当链路状态发生变化时使用洪泛法向所有路由器发送消息

D. 链路状态数据库中保存着一个完整的路由表

4. 某一路由条目的情况如下所示，

```
10.0.1.0/24 OSPF 150 2 D 10.0.23.3 Serial 2/0/0
```

则下面关于此消息描述正确的是（　　　）。

A. 该路由条目是通过 OSPF 协议学习到的

B. 邻居路由器的 Serial 2/0/0 接口地址为 10.0.23.3

C. 向对端请求本端没有的 LSA，或者对端主动更新的 LSA

D. 管理员修改了此路由条目的地址为 10.0.23.3

5. 如果一个内部网络对外的出口只有一个，那么最好配置（　　）。

A. 默认路由　　　　　　　　　　　　B. 主机路由

C. 动态路由　　　　　　　　　　　　D. 静态汇总路由

6. RIP、OSPF 和静态路由各自得到了一条到达目标网络的路由，在路由器默认情况下，最终选定（　　）路由作为最优路由。

A. RIP　　　　　　　　　　　　　　B. OSPF

C. 静态路由　　　　　　　　　　　　D. 以上都不对

7. OSPF 使用哪项选择最佳路由（　　）。

A. 运行时间　　　　　　　　　　　　B. 可靠性

C. 带宽　　　　　　　　　　　　　　D. 负载

8. 在 OSPF 路由区域内，唯一标示 OSPF 路由器的是（　　）。

A. Area ID　　　　　　　　　　　　B. AS 号

C. Router ID　　　　　　　　　　　D. Cost

9. 下列哪两项正确地描述了管理距离与度量的概念（　　）。

A. 管理距离是指特定路由的可信度

B. 路由器会首先添加具有较大管理距离的路由

C. 网络管理员无法更改管理距离的值

D. 具有到目的地的最小度量的路由为最佳路径

E. 度量总是根据跳数确定的

F. 度量会根据所采用的第 3 层协议（如 IP 或 IPX）而发生变化

10. 华为路由器静态路由的配置命令为（　　）。

A. ip route-static　　　　　　　　　B. ip route static

C. route-static ip　　　　　　　　　D. route static ip

11. 管理员想通过配置静态浮动路由来实现路由备份，则正确的实现方式是（　　）。

A. 管理员需要为主用静态路由和备份静态路由配置不同的协议优先级

B. 管理员只需要配置两个静态路由就可以了

C. 管理员需要为主用静态路由和备份静态路由配置不同的 TAG

D. 管理员需要为主用静态路由和备份静态路由配置不同的度量值

12. 在路由器中，能用以下命令查看路由器的路由表（　　）。

A. arp -a　　　　　　　　　　　　　B. traceroute

C. route print　　　　　　　　　　　D. display ip routing

13．路由器是工作在（　　　）层的设备。

A．物理层　　　　　　　　　　　　　B．数据链路层

C．网络层　　　　　　　　　　　　　D．传输层

14．在一台路由器配置 OSPF，必须手动进行的配置有（　　　　）。（选择三项）

A．开启 OSPF 进程

B．创建 OSPF 区域

C．指定每个区域中所包含的网段

D．配置被动接口

扫一扫,
看微课

任务 1

扫一扫,
看微课

任务 2

扫一扫,
看微课

任务 3

扫一扫,
看微课

任务 4

单元四

搭建网络服务器

学习目标

【知识目标】

1. 了解 Windows Server 2019 操作系统。

2. 了解本地用户和组。

3. 了解 DHCP 服务器在网络基础架构中的作用和工作原理。

4. 了解 DNS 服务器在网络基础架构中的作用和工作原理。

5. 了解 WWW 服务器的工作原理。

【技能目标】

1. 掌握 Windows Server 2019 操作系统的安装步骤和使用方法。

2. 掌握在 Windows Server 2019 系统环境下,本地用户和组的管理。

3. 掌握在 Windows Server 2019 系统环境下,DHCP 服务的安装和配置。

4. 掌握在 Windows Server 2019 系统环境下,DNS 服务的安装和配置。

5. 掌握在 Windows Server 2019 系统环境下,WWW 服务器的安装和配置。

【素养目标】

1. 通过实际应用,培养学生分析问题和解决问题的能力。

2. 通过任务分解,培养学生沟通与协作的能力。

3. 通过示范作用,培养学生严谨细致的工作态度和工作作风。

知识重点	1．DHCP、DNS 和 WWW 等服务器在网络基础架构中的作用 2．DHCP、DNS 和 WWW 等服务器的工作原理
知识难点	在 Windows Server 2019 操作系统环境下，掌握 DHCP、DNS 和 WWW 等服务器的配置方法
推荐教学方式	从工作任务入手，通过安装 Windows Server 2019 操作系统，并在 Windows Server 2019 操作系统环境下，完成 DHCP、DNS 和 WWW 等服务器的搭建，让学生从直观到抽象，逐步理解 DHCP、DNS 和 WWW 等服务器的工作过程，掌握其工作原理和配置方法
建议学时	16 学时
推荐学习方法	动手完成任务，在任务中逐渐了解 DHCP、DNS 和 WWW 等服务器的工作过程，并掌握其工作原理和配置方法

任务 1　安装 Windows 操作系统

【任务目标】

教学
操作
视频

1．安装 Windows Server 2019 操作系统。

2．在 Windows Server 2019 操作系统下，创建本地用户和组。

【任务场景】

学院信息中心购买了两台服务器，需要安装 Windows Server 2019 操作系统，并在系统上创建本地用户和组，以方便管理。在信息中心实习的小张同学负责完成这个任务。

【任务环境】

小张同学根据信息中心的需求部署了网络环境，局域网的网络地址是 192.168.1.0，子网掩码为 255.255.255.0，任务环境如图 4-1 所示。

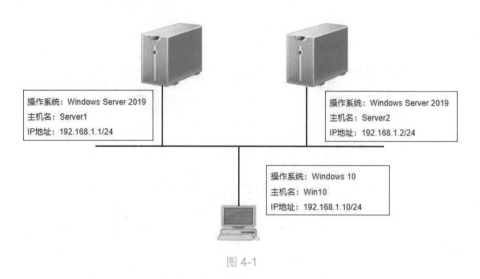

图 4-1

【任务实施】

1. 在服务器 Server1 上安装 Windows Server 2019 操作系统

1）使用 VMware 创建虚拟机

（1）从开始菜单单击 VMware Workstation，运行虚拟机。在 VMware Workstation 窗口上，单击"创建新的虚拟机"按钮，如图 4-2 所示。

图 4-2

（2）在"欢迎使用新建虚拟机向导"界面，选择"典型（推荐）"选项，单击"下一步"按钮。

（3）在"安装客户机操作系统"界面，选择"稍后安装操作系统"选项，单击"下一步"按钮。

（4）在"选择客户机操作系统"界面的"客户机操作系统"区域选择"Microsoft Windows"单选按钮，然后单击"版本（V）"下拉列表，选择"Windows Server 2019"选项，然后单击"下一步"按钮，如图 4-3 所示。

图 4-3

（5）在"命名虚拟机"界面，为新建的虚拟机创建名称，并指定虚拟机文件保存在物理机的位置（可以根据实际情况自定义），这里虚拟机的名称为：Server1，保存位置为：G:\VM2019\Server1，如图 4-4 所示，单击"下一步"按钮。

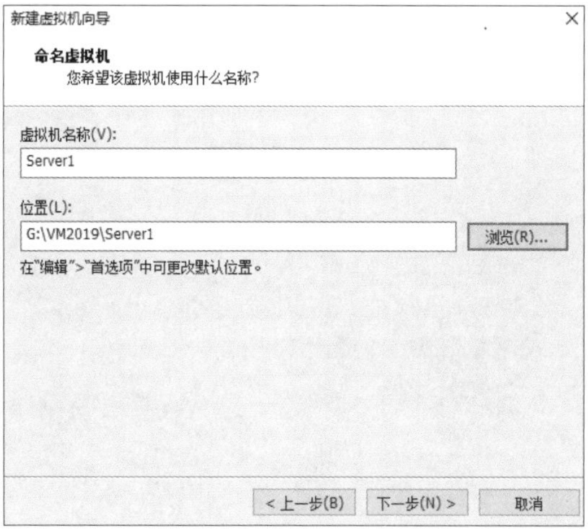

图 4-4

（6）在"指定磁盘容量"界面，为虚拟机指定 60GB 的硬盘空间，并单击"虚拟磁盘拆分为多个文件"单选按钮（虚拟机磁盘大小，可以根据个人需要增大或减小，但不要小于系统安装的最低要求），单击"下一步"按钮。

（7）在"已准备好创建虚拟机"界面按照默认单击"完成"按钮。

（8）VMware 根据定制的硬件要求创建了一个全新的虚拟机 Server1。

（9）按上述步骤，创建虚拟机 Server2。

2）为虚拟机 Server1 安装 Windows Server 2019 操作系统

（1）在 Server1 虚拟机页面单击"虚拟机设置"命令，打开"虚拟机设置"对话框，选择"CD/DVD（SATA）"选项，在"连接"区域选择"使用 ISO 映像文件"单选按钮，选择存放 Windows Server 2019 的 ISO 镜像文件路径（可以根据实际情况选择路径）为：G:\windows2019 虚拟机（镜像文件的路径可以根据实际情况进行选择），如图 4-5 所示，然后单击"确定"按钮。

图 4-5

（2）在 Server1 虚拟机页面，启动虚拟机进入 Windows Server 2019 安装界面，选择安装语言、时间和货币格式为简体中文，键盘和输入方式为微软拼音，然后单击"下一步"按钮。

（3）进入安装界面，然后单击"现在安装"按钮。

（4）在激活 Windows 界面，单击"我没有产品密钥"按钮进入下一步。

（5）进入"选择要安装的操作系统"界面，选择"Windows Server 2019 Standard（桌面体验）"选项，然后单击"下一步"按钮，如图 4-6 所示。

图 4-6

（6）进入"适用的声明和许可条款"界面，阅读许可条款后，勾选"我接受许可条款"复选框，然后单击"下一步"按钮继续安装。

（7）在"你想执行哪种类型的安装"界面，选择"自定义：仅安装 Windows（高级）"选项用以执行全新安装。

（8）继续单击"下一步"按钮，进入正在安装界面，等待系统自动安装。

（9）系统安装完成后，进入"自定义设置"界面，设置用户密码，然后单击"完成"按钮，如图 4-7 所示。

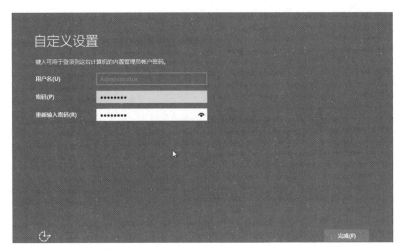

图 4-7

（10）使用自定义用户密码，登录进入 Windows Server 2019 系统，如图 4-8 所示。

图 4-8

按照上述步骤为虚拟机 Server2 安装 Windows Server 2019 操作系统。

3．创建本地用户账户和组

1）创建本地用户账户

（1）右击"开始"命令，在弹出的快捷菜单中单击"计算机管理"命令，打开"计算机管理"窗口，进入"计算机管理（本地）"界面，依次选择"系统工具"→"本地用户和组"→"用户"选项，如图 4-9 所示。

图 4-9

（2）创建 Luser1 和 Luser2 用户。右击"用户"，在弹出的快捷菜单中单击"新用户"命令，打开"新用户"对话框，输入用户名和登录密码，并勾选"密码永不过期"复选框，然后单击"创建"按钮，如图 4-10 所示。

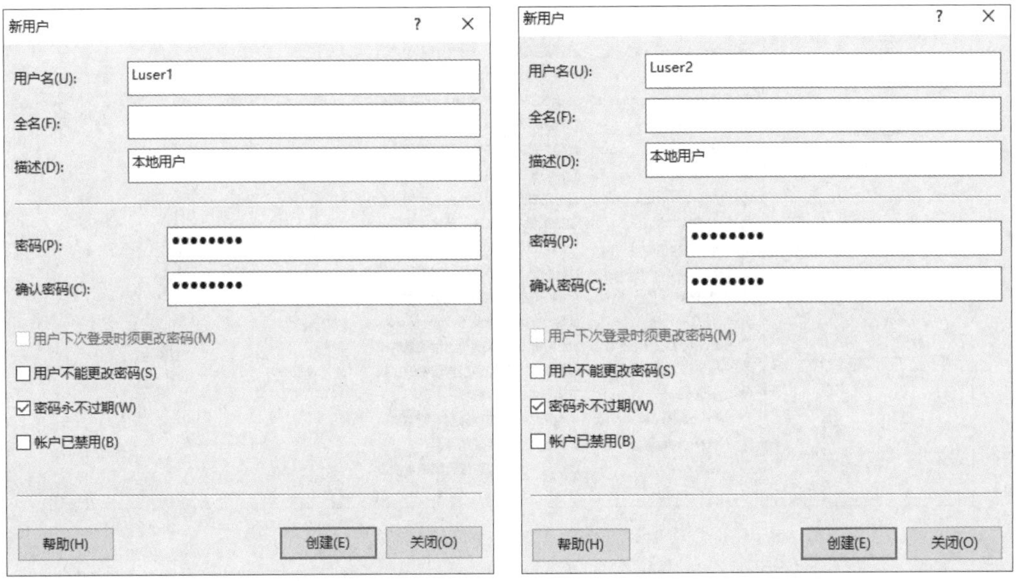

图 4-10

（3）选择"用户"选项，查看添加新用户的内容信息，如图 4-11 所示。

图 4-11

2）创建本地用户组

（1）右击"开始"命令，在弹出的快捷菜单中单击"计算机管理"命令，打开"计算机管理"窗口，进入"计算机管理（本地）"界面，依次选择"系统工具"→"本地用户和组"→"组"选项，如图 4-12 所示。

图 4-12

（2）右击"新建组"命令，打开"新建组"对话框，输入组名和描述，如图 4-13 所示。单击"添加"按钮，打开"选择用户"对话框。

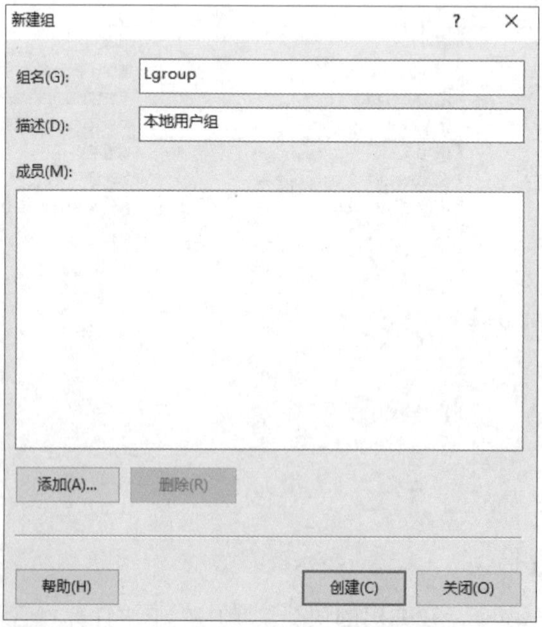

图 4-13

（3）在"选择用户"对话框中单击"对象类型"和"位置"按钮，查找用户 Luser1、Luser2，单击"确定"按钮，将两个用户添加到组 Lgroup 内，如图 4-14 所示。

图 4-14

（4）如图 4-15 所示，确认两个用户已经在组内，单击"创建"按钮。

图 4-15

 【相关知识】

1. 网络操作系统

操作系统是计算机系统中用来管理各种软硬件的资源，提供人机交互服务的软件。网络操作系统可实现操作系统的所有功能，并且能够对网络中的资源进行管理和共享。

1）网络操作系统的功能

网络操作系统的功能包括处理器管理、存储器管理、设备管理、文件系统管理、网络环境下的通信、网络资源管理等特定功能。概括来讲，网络操作系统的功能主要包括以下几个方面。

（1）网络通信：网络通信是网络最基本的功能之一，其任务是在源主机和目标主机之间实现无差错的数据传输。

（2）资源管理：资源管理是指对网络中的共享资源（硬件和软件）实施有效的管理，协调用户对共享资源进行使用，保证数据的安全性和一致性。

（3）网络服务：网络服务是指在网络中提供各种类型的服务，如电子邮件服务、文件服务、共享打印服务和共享硬盘服务。

（4）网络管理：网络管理最主要的任务之一是安全管理，一般通过存取控制确保存储数据的安全性及通过容错技术保证系统发生故障时数据的安全性。

（5）互操作能力：互操作能力是指在客户/服务器模式的 LAN 环境下，连接在服务器上的多种客户机和主机不但能与服务器通信，而且还能以透明的方式访问服务器上的文件系统。

2）典型的网络操作系统

目前典型的网络操作系统主要有 UNIX、Linux 和 Windows。

（1）UNIX：UNIX 操作系统由 AT&T 和 SCO 公司推出，一般用于大型网站或大型企事业单位局域网中。目前，UNIX 操作系统因其体系结构不够合理，市场占有率呈下降趋势。

（2）Linux：Linux 是在 UNIX 的基础上发展起来的，是一种新型的网络操作系统，是所有服务器中最年轻且功能强大的网络操作系统。它最大的特点就是源代码开放，可以免费得到许多应用程序。Linux 操作系统适用于需要运行各种网络应用程序并提供各种网络服务的场合。正是因为 Linux 的源代码开放，使得它可以根据自身需要进行专门的开发，因此它更适合于需要自行开发应用程序的用户和需要学习 UNIX 命令工具的用户。

（3）Windows：Windows 操作系统由全球最大的软件开发商——微软公司开发。Windows 操作系统不仅在个人操作系统中占有绝对优势，在网络操作系统中也具有非常强劲的力量。Windows 操作系统在整个局域网配置中是最常见的，但由于它对服务器的硬件要求较高，且稳定性不是很强，所以一般只用在中低端服务器中，高端服务器通常采用 UNIX、Linux 或 Solaris 等非 Windows 操作系统。在局域网中，微软的网络操作系统主要有 Windows Server 2003/2008/2012/2016/2019 等。

总的来说，对特定计算环境的支持使得每一个操作系统都有适合自己的工作场合，这就是系统对特定计算环境的支持。对于不同的网络应用，需要有目的地选择合适的网络操作系统。

2．Windows Server 2019

Windows Server 2019 可以帮助企业搭建功能强大的网站、应用程序服务器及虚拟化的云应用环境。无论大、中、小型的企业网络，都可以使用 Windows Server 2019 的强大管理功能与安全措施，简化网站与服务器的管理、改善资源的可用性、减少企业成本支出、保护企业应用程序和数据，让企业 IT 人员更轻松地管理网站、应用程序服务器与云应用环境。

1）Windows Server 2019 的硬件需求

如果要在计算机上安装和使用 Windows Server 2019，此计算机的硬件配置必须符合表 4-1 所示的基本需求。

表 4-1

硬　　件	需　　求
处理器（CPU）	最少 1.4GHz，64 位
内存（RAM）	最少 512MB（对于带桌面体验的服务器安装选项为 2GB）
硬盘	最少 32GB
显示设备	支持超级 VGA（1024px×768px）或更高分辨率的图形设备和监视器
其他	键盘、鼠标、USB 接口、DVD 光驱（可选）、互联网连接
注：实际需求需根据计算机配置、需要安装的应用程序、安装的服务器角色和功能等数量的多少而定	

2）Windows Server 2019 安装前的准备

为了确保可以顺利安装 Windows Server 2019，建议先做好以下准备工作。

（1）检查应用程序的兼容性。如果要将现有网络操作系统升级到 Windows Server 2019，请先检查现有应用程序的兼容性，以确保升级后这些应用程序仍然可以正常运行。可以通过 Microsoft Application Compatibility Toolkit 检查应用程序的兼容性。此工具可以到微软公司的官方网站下载。

（2）断开 UPS 电源。如果 UPS（不间断电源供应系统）与计算机之间通过串线电缆（Serial Cable）串接，请断开这条线，因为安装程序会通过串线端口（Serial Port）监测所连接的设备，这可能会让 UPS 接收到自动关闭的错误命令，因而造成计算机断电。

（3）备份数据。安装过程中可能会删除硬盘中的数据，或者可能由于操作不慎造成数据破坏，因此请先备份计算机中的重要数据。

（4）运行 Windows 内存诊断工具。此程序可以测试计算机内存是否正常。内存故障是最常见的计算机故障之一，在安装过程出现问题时有必要检查计算机内存是否正常。

（5）准备好大容量存储设备的驱动程序。如果该设备厂商另外提供驱动程序文件，请将文件放到 CD、DVD 或 U 盘等媒介的根目录或 amd64 文件夹内，然后在安装过程中选择这些驱动程序。

3．本地用户账户和组

当安装好 Windows Server 2019 后，就可以保证计算机与其他主机进行正常通信了。在计算机网络中，计算机是被用户访问的客体，用户是访问计算机的主体，两者缺一不可。用户必须拥有计算机的账户才能访问计算机（通常也将用户账户称为用户），用户账户是用户登录某台计算机、访问该计算机资源的标识。Windows Server 2019 是一个多用户的网络操作系统，可以实现对用户角色的合理划分和管理。Windows Server 2019 的用户账户有本地账户、域账户和内置账户三种类型。

1）本地账户

本地账户建立在本地，且只能在本地计算机上登录。所有本地用户账户信息都存储在本地计算机上管理本地账户的数据库中，该数据库称为 SAM（Security Accounts Managers，安全账户管理器）。每个用户账户创建完成后，系统都会自动产生一个唯一的 SID（Security Identifier，安全标识符）。系统验证用户访问、指派权利、授权资源访问权限等都需要使用 SID。

2）域账户

域账户建立在域控制器上，用户可以利用域账户登录到域并访问域内资源。只要用户拥有一个域账户，便可使用域用户账户通过域中的任何一台计算机登录到域，共享和使用该域的各种资源。

3）内置账户

Windows Server 2019 安装完毕后，系统会在服务器上自动创建一些内置账户，常用的有 Administrator（系统管理员）和 Guest（客户）。Administrator 具有最高权限，可以更改其名字，不能被删除，但可以被禁用。Guest 是为临时访问计算机的用户提供的。该账户在默认情况下是被禁用的，只具有很少的权限，可以更改其名字，但不能将其删除。

系统管理员为每位员工创建了本地用户账户后，还需要为每一个部门创建一个组，以便分组管理。组是具有相同权限的用户账户的集合，通过组可以管理用户和计算机对共享资源的访问。

任务 2 DHCP 服务器的安装与配置

【任务目标】

1. 在 Windows Server 2019 操作系统下安装 DHCP 服务器。

2. 在 DHCP 服务器上创建并启用 DHCP 作用域。

3. 在客户机上配置 DHCP 客户端，自动获取 IP 地址和相关选项值。

【任务场景】

学院新建的实训大楼即将竣工，为了方便实训室主机 IP 地址的配置与管理，信息中心决定搭建 DHCP 服务器，为实训大楼的每间实训室计算机配置动态 IP 地址。为了完成

129

任务，信息中心主任让小张同学先在实验环境搭建 DHCP 服务器，完成 DHCP 服务器的配置与管理。

【任务环境】

小张同学搭建的实验环境如图 4-16 所示，在 Serve1 服务器上安装 DHCP 服务器，并创建 DHCP 作用域，配置 DHCP 作用域选项，配置信息如表 4-2 所示。

表 4-2

DHCP 选项	DHCP 选项值
IP 地址范围	192.168.1.50～192.168.1.99
子网掩码	255.255.255.0
默认网关	192.168.1.254
DNS 服务器	192.168.1.1

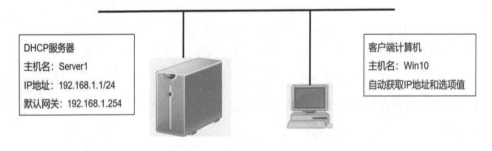

图 4-16

【任务实施】

1. 在服务器 Server1 上安装 DHCP 服务器并授权

（1）在服务器 Server1 上打开"服务器管理器"窗口，单击"仪表板"处的"添加角色和功能"命令，打开"添加角色和功能向导"对话框，持续单击"下一步"按钮，直到出现"选择服务器角色"界面，如图 4-17 所示，勾选"DHCP 服务器"复选框，单击"下一步"按钮。

图 4-17

（2）持续单击"下一步"按钮，直到出现"确认安装所选内容"界面，如图 4-18 所示，单击"安装"按钮。

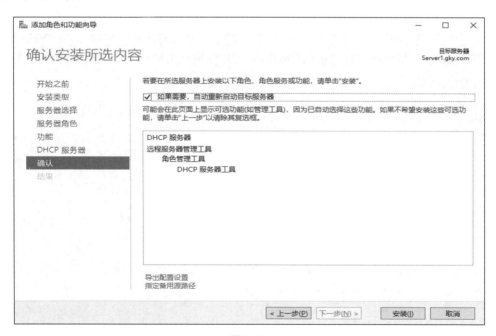

图 4-18

（3）完成安装后，在"安装进度"界面单击"完成 DHCP 配置"命令，如图 4-19 所示，单击"关闭"按钮完成安装。

图 4-19

2. 添加作用域

在 DHCP 服务器上，至少应创建一个 IP 作用域（有效 IP 地址范围），当 DHCP 客户端向 DHCP 服务器租用地址时，DHCP 服务器从 IP 作用域内选择一个尚未分配的 IP 地址，出租给 DHCP 客户端。

（1）单击"服务器管理器"右上角"工具"菜单，选择"DHCP"选项后，单击打开 DHCP 控制台。

（2）右击"IPv4"命令，在弹出快捷菜单中选择"新建作用域"选项，打开"新建作用域向导"对话框，如图 4-20 所示。

（3）在"欢迎使用新建作用域向导"界面，单击"下一步"按钮；在"作用域名称"界面为作用域命名（如"GKY 作用域"），单击"下一步"按钮。

（4）在"IP 地址范围"界面设置此作用域可出租给 DHCP 客户端的起始/结束 IP 地址、子网掩码的长度后，单击"下一步"按钮，如图 4-21 所示。

图 4-20

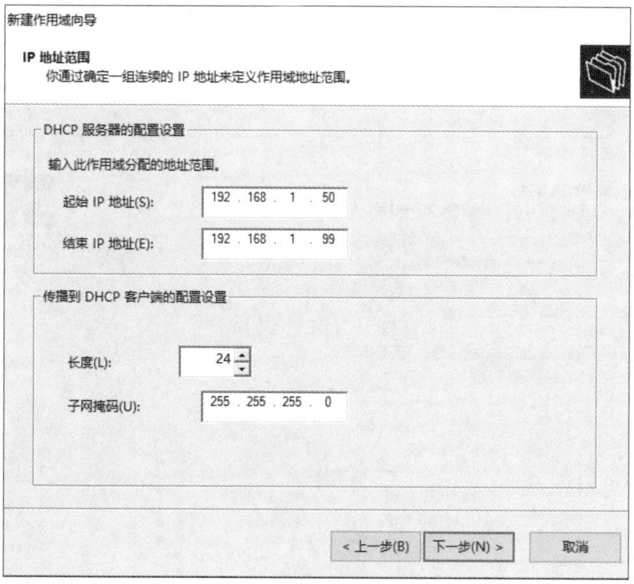

图 4-21

（5）在"添加排除和延迟"界面，如果在 IP 作用域中有些 IP 地址通过静态的方式分配给客户端，则在此处将这些地址排除。否则直接单击"下一步"按钮。

133

（6）在"租用期限"界面，可设置 IP 地址的租用期限，默认为 8 天。单击"下一步"按钮。

（7）在"配置 DHCP 选项"界面（见图 4-22），选择"是，我想现在配置这些选项"单选按钮，单击"下一步"按钮，完成"路由器（默认网关）"（见图 4-23）和"域名称和 DNS 服务器"（见图 4-24）的配置后，持续单击"下一步"按钮，直到出现"正在完成新建作用域向导"界面，单击"完成"按钮。

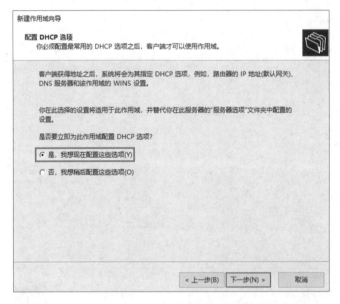

图 4-22

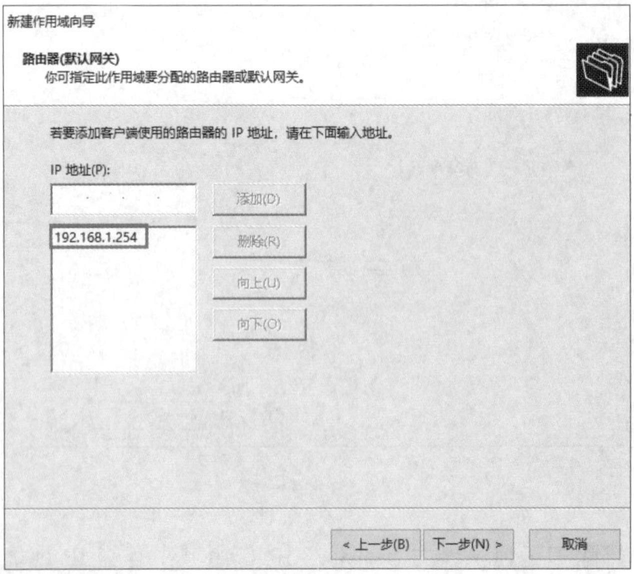

图 4-23

图 4-24

3．测试客户端租用 IP 地址

（1）在 Win10 主机上依次单击"开始"→"设置"→"网络和 Internet"命令，打开"网络和 Internet"界面。

（2）在"网络和 Internet"界面，单击"以太网"→"更改适配器选项"命令，打开"网络连接"对话框。

（3）在"网络连接"对话框中双击"Ethernet0"命令，打开"Ethernet0 状态"对话框。

（4）在"Ethernet0 状态"对话框中单击"属性"按钮，打开"Ethernet0 属性"对话框后，双击"Internet 协议版本 4（TCP/IP）"命令，打开"Internet 协议版本 4（TCP/IP）属性"对话框，设置在 Win10 主机上自动获得 IP 地址，如图 4-25 所示。

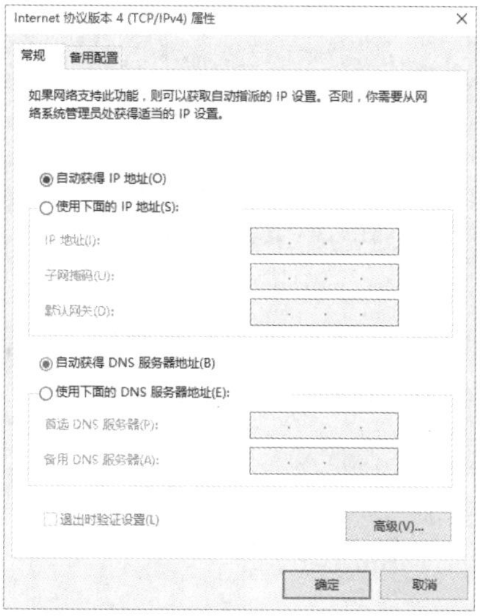

图 4-25

（5）在命令行模式使用命令 ipconfig/all 查看 IP 地址是否成功获得，如图 4-26 所示。

```
C:\Users>ipconfig/all

Windows IP 配置

    主机名 . . . . . . . . . . . . . . : Win10
    主 DNS 后缀 . . . . . . . . . . . . :
    节点类型 . . . . . . . . . . . . . : 混合
    IP 路由已启用 . . . . . . . . . . . : 否
    WINS 代理已启用 . . . . . . . . . . : 否
    DNS 后缀搜索列表 . . . . . . . . . . : gky.com

以太网适配器 Ethernet0:

    连接特定的 DNS 后缀 . . . . . . . . : gky.com
    描述 . . . . . . . . . . . . . . . : Intel(R) 82574L Gigabit Network Connection
    物理地址 . . . . . . . . . . . . . : 00-0C-29-58-91-65
    DHCP 已启用 . . . . . . . . . . . . : 是
    自动配置已启用 . . . . . . . . . . . : 是
    本地链接 IPv6 地址 . . . . . . . . . : fe80::bc01:828d:6a88:9c42%11(首选)
    IPv4 地址 . . . . . . . . . . . . . : 192.168.1.50(首选)
    子网掩码 . . . . . . . . . . . . . : 255.255.255.0
    获得租约的时间 . . . . . . . . . . . : 2021年8月20日 13:21:41
    租约过期的时间 . . . . . . . . . . . : 2021年8月28日 13:21:41
    默认网关 . . . . . . . . . . . . . : 192.168.1.254
    DHCP 服务器 . . . . . . . . . . . . : 192.168.1.1
    DHCPv6 IAID . . . . . . . . . . . . : 100666409
    DHCPv6 客户端 DUID . . . . . . . . . : 00-01-00-01-28-A5-A1-D9-00-0C-29-58-91-65
    DNS 服务器 . . . . . . . . . . . . . : 192.168.1.1
    TCPIP 上的 NetBIOS . . . . . . . . . : 已启用

以太网适配器 蓝牙网络连接:

    媒体状态 . . . . . . . . . . . . . : 媒体已断开连接
    连接特定的 DNS 后缀 . . . . . . . . :
    描述 . . . . . . . . . . . . . . . : Bluetooth Device (Personal Area Network)
    物理地址 . . . . . . . . . . . . . : 3C-58-C2-35-A5-DD
    DHCP 已启用 . . . . . . . . . . . . : 是
    自动配置已启用 . . . . . . . . . . . : 是
```

图 4-26

【相关知识】

随着网络规模的不断扩大和网络复杂度的提高，计算机的数量经常超过可供分配的 IP 地址数量。同时，随着便携机及无线网络的广泛使用，计算机的位置也经常变化，相应的 IP 地址也必须经常更新，从而导致网络配置越来越复杂。DHCP（Dynamic Host Configuration Protocol，动态主机配置协议）就是为满足这些需求而发展起来的。

1. DHCP 概述

DHCP 是一种用于简化计算机 IP 地址配置管理的标准。采用 DHCP 可以很容易地完成 IP 地址的分配，并解决经常发生的 IP 地址冲突。DHCP 采用客户端/服务器通信模式，由客户端向服务器提出配置申请，服务器返回 IP 地址、子网掩码和默认网关等相应的配置信息，以实现 IP 地址等信息的动态配置。在 DHCP 的典型应用中，一般包含一台 DHCP 服务器和多台客户端（如 PC 和便携机），如图 4-27 所示。

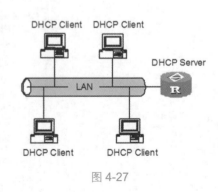

图 4-27

2．DHCP 的工作原理

1）IP 地址分配策略

针对客户端的不同需求，通常提供以下三种 IP 地址分配策略。

（1）手工分配地址：由管理员为少数特定客户端（如 WWW 服务器等）静态绑定固定的 IP 地址。

（2）动态分配地址：DHCP 为客户端分配有效期限的 IP 地址，到达使用期限后，客户端需要重新申请地址。绝大多数客户端得到的都是这种动态分配的地址。

（3）自动分配固定地址：通过 DHCP 将配置的固定 IP 地址发送给客户端。

2）IP 地址动态获取过程

DHCP 客户端从 DHCP 服务器动态获取 IP 地址，主要通过四个阶段进行，如图 4-28 所示。

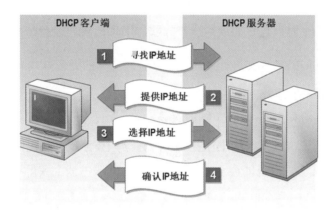

图 4-28

（1）寻找阶段，即 DHCP 客户端寻找 IP 地址的阶段。客户端以广播的方式发送 DHCP-DISCOVER 报文。

（2）提供阶段，即 DHCP 服务器提供 IP 地址的阶段。DHCP 服务器接收到客户端的 DHCP-DISCOVER 报文后，根据 IP 地址分配的优先次序选出一个 IP 地址，与其他参数一起通过 DHCP-OFFER 报文广播发送给客户端。

（3）选择阶段，即 DHCP 客户端选择 IP 地址的阶段。如果有多台 DHCP 服务器向该客户端发来 DHCP-OFFER 报文，客户端只接受第一个收到的 DHCP-OFFER 报文，然后以广播的方式发送 DHCP-REQUEST 报文，该报文中包含 DHCP 服务器在 DHCP-OFFER 报文中分配的 IP 地址。

（4）确认阶段，即 DHCP 服务器确认 IP 地址的阶段。DHCP 服务器收到 DHCP 客户端发来的 DHCP-REQUEST 报文后，只有 DHCP 客户端选择的服务器会进行如下操作：如果确认将地址分配给该客户端，则返回 DHCP-ACK 报文；否则返回 DHCP-NAK 报文，表明地址不能分配给该客户端。

3）IP 地址的租约更新

如果采用动态地址分配策略，则 DHCP 服务器分配给客户端的 IP 地址有一定的租借期限，当租借期满后服务器会收回该 IP 地址。如果 DHCP 客户端希望继续使用该地址，则需要更新 IP 地址租约。

在 DHCP 客户端的 IP 地址租约期限达到一半时间时，DHCP 客户端会向为它分配 IP 地址的 DHCP 服务器单播发送 DHCP-REQUEST 报文，以进行 IP 租约的更新。如果客户端可以继续使用此 IP 地址，则 DHCP 服务器回应 DHCP-ACK 报文，通知 DHCP 客户端已经获得新 IP 租约；如果此 IP 地址不可以再分配给该客户端，则 DHCP 服务器回应 DHCP-NAK 报文，通知 DHCP 客户端不能获得新 IP 租约。

如果在租约的一半时间进行的续约操作失败，DHCP 客户端会在租约期限达到 $\frac{7}{8}$ 时，广播发送 DHCP-REQUEST 报文进行续约。DHCP 服务器的处理方式同上，不再赘述。

4）DHCP 服务器授权

在 Windows Server 2000 以前版本的网络系统中，只要网络中安装并配置了 DHCP 服务器，网络中的客户端就可以从这些 DHCP 服务器获得 IP 地址。如果网络中有多台 DHCP 服务器，那么 DHCP 客户端可能会从"非法的"DHCP 服务器上获得不同的地址，从而导致网络通信故障。

为了解决这种问题，从 Windows Server 2000 开始，在 DHCP 服务器中引入了"授权"功能。要求加入 Active Directory 的 DHCP 服务器必须在 Active Directory 中经过"授权"，才能对外提供服务。不过，如果 DHCP 服务器没有加入 Active Directory 中，仍然可以在"未授权"的情况下提供服务。

Windows Server 2019 DHCP 服务器授权的注意事项包括以下几方面。

（1）必须在 Active Directory 域服务（AD DS）环境中，DHCP 服务器才可以被授权。

（2）在 AD DS 环境中的 DHCP 服务器都必须被授权。

（3）只有 Enterprise Admin 组的成员才有权限执行授权操作。已被授权的 DHCP 服务器的 IP 地址会被注册到域控制器的 AD DS 数据库中。

（4）DHCP 服务器启动时，如果通过 AD DS 数据库查询到其 IP 地址已注册在授权列表中，该 DHCP 服务器就可以正常启动并对客户端提供出租 IP 地址的服务。

（5）不是域成员的 DHCP 独立服务器无法被授权，此独立服务器在启动 DHCP 服务时，如果检查到在同一子网内有被授权的 DHCP 服务器，它就不会启动 DHCP 服务，否则可以正常启动 DHCP 服务，并向 DHCP 客户端提供 IP 地址。

3. DHCP 作用域

DHCP 作用域是为了便于管理而对子网中使用 DHCP 服务的计算机 IP 地址进行分组的。网络管理员首先为每个物理子网创建一个作用域，然后使用此作用域定义客户端所用的参数。DHCP 作用域具有下列属性。

（1）IP 地址的范围：可在其中包含或排除用于提供 DHCP 服务租用的地址。

（2）子网掩码：用于确定特定 IP 地址的子网。

（3）作用域名称：在创建作用域时指定该名称。

（4）租用期限值：这些值被分配到接收动态分配的 IP 地址的 DHCP 客户端，默认的租约为 8 天。

（5）期限 DHCP 作用域选项：如域名系统（DNS）服务器地址、路由器 IP 地址和 WINS 服务器地址等。

（6）保留：可以选择用于确保 DHCP 客户端始终接收相同的 IP 地址。

4. DHCP 常用选项

在为客户端设置了基本的 TCP/IP 配置（如 IP 地址、子网掩码和默认网关）之后，大多数客户端还需要 DHCP 服务器通过 DHCP 选项提供其他信息。其中最常见的信息包括：路由器、DNS 服务器、DNS 域、WINS 节点类型和 WINS 服务器。

任务 3　DNS 服务器的安装与配置

【任务目标】

1. 在 Windows Server 2019 操作系统下安装和配置 DNS 服务器。

2. 在 DNS 服务器上创建 DNS 正向区域和反向区域。

【任务场景】

学校信息网络中心需要搭建一台新的 DNS 服务器，并把这个任务交给信息网络中心的李工程师和小张同学一起完成。为了完成这个任务，李工程师让小张同学先在实验环境下搭建 DNS 服务器，完成 DNS 服务器的配置与管理。

【任务环境】

小张同学搭建的实验环境如图 4-29 所示，在 Serve1 服务器上安装 DNS 服务器，并创建正向查找区域 network.com 和反向查找区域。

图 4-29

【任务实施】

1. 在服务器 Server1 上安装 DNS 服务器

（1）在服务器 Server1 上打开"服务器管理器"窗口，单击"仪表板"处的"添加角色和功能"命令，打开"添加角色和功能向导"对话框，持续单击"下一步"按钮，直到出现"选择服务器角色"界面，如图 4-30 所示，勾选"DNS 服务器"复选框，单击"下一步"按钮。

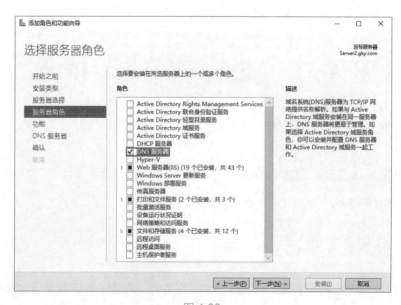

图 4-30

（2）持续单击"下一步"按钮，直到出现"确认安装所选内容"界面，如图 4-31 所示，单击"安装"按钮。

图 4-31

（3）完成安装后，在"安装进度"界面单击"关闭"按钮，如图 4-32 所示。

图 4-32

2. 创建区域

在 Server1 服务器上创建正向查找区域 network.com 和反向查找区域。

（1）单击"服务器管理器"右上角的"工具"菜单，选择"DNS"选项后，单击打开 DNS 控制后台。

（2）右击"正向查找区域"命令，在弹出的快捷菜单中单击"新建区域"命令，打开 "新建区域向导"对话框，如图 4-33 所示。

图 4-33

（3）持续单击"下一步"按钮，直到出现"区域名称"界面，输入区域名称 network.com，单击"下一步"按钮，如图 4-34 所示。

图 4-34

（4）打开"动态更新"界面，单击"下一步"按钮。

（5）打开"正在完成新建区域向导"界面，单击"完成"按钮，如图 4-35 所示。

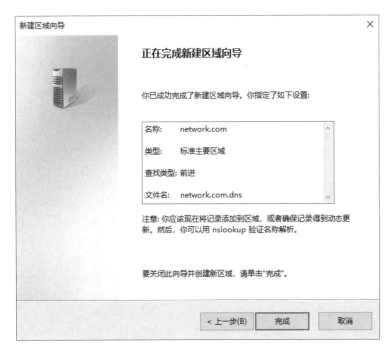

图 4-35

（6）图 4-36 中的 network.com 是所建立的正向查找区域。

图 4-36

（7）在 Server1 继续创建反向查找区域。右击"反向查找区域"命令，在弹出的快捷菜单中单击"新建区域"命令，如图 4-37 所示，打开"新建区域向导"对话框。

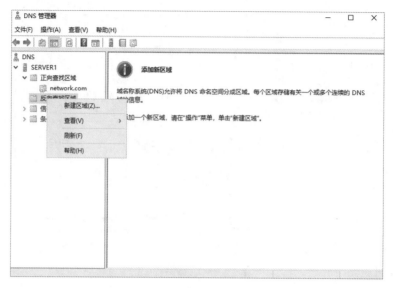

图 4-37

（8）持续单击"下一步"按钮，直到出现"反向查找区域名称"界面，输入网络 ID，单击"下一步"按钮，如图 4-38 所示。

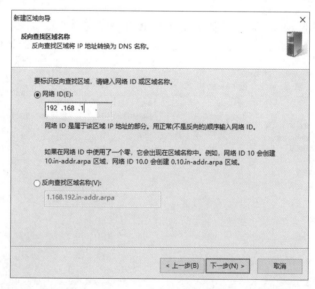

图 4-38

（9）打开"动态更新"界面，单击"下一步"按钮。

（10）打开"完成新建区域向导"界面，单击"完成"按钮。

（11）图 4-39 是所建立的反向查找区域。

图 4-39

3. 添加正向查找区域资源记录

（1）在服务器 Server1 上新建主机记录（A 记录），右击"network.com"区域，在弹出的快捷菜单中单击"新建主机（A 或 AAAA）"命令，打开"新建主机"对话框，输入"名称"和"IP 地址"，如图 4-40 所示，单击"添加主机"按钮。

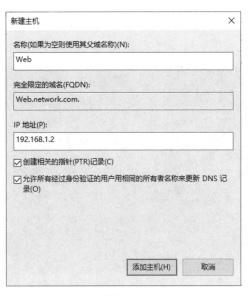

图 4-40

（2）在服务器 Server1 上新建别名记录（CNAME），右击"network.com"区域，在弹出的快捷菜单中单击"新建别名（CNAME）"命令，打开"新建资源记录"对话框，输入"别名"和"目标主机的完全合格的域名（FQDN）"，如图 4-41 所示，单击"确定"按钮。

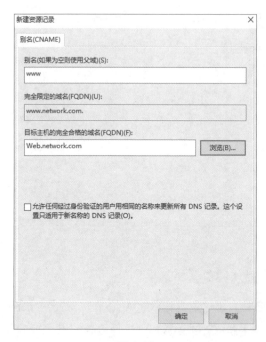

图 4-41

4．DNS 测试

在 Win10 主机上通过使用 ping 命令测试 DNS 域名解析，如图 4-42 所示。

图 4-42

【相关知识】

1. 域名系统

域名系统（DNS）是一种名称解析服务。DNS 是 Internet 命名方案的基础。通过 DNS 可以使用便于记忆理解的字母数字名称来定位计算机和服务。

DNS 是一种包含 DNS 主机名到 IP 地址映射的分布式、分层式数据库。通过 DNS，数据库中的主机名可分布到多个服务器中，从而减少任何一台服务器的负载，并提供了分段分级管理命名系统的能力。由于 DNS 数据库是分布式的，其大小不受限制，并且其性能不会因服务器的增多而明显下降。

2. DNS 命名空间

DNS 命名空间包括根域、顶级域和二级域，可能还包括子域。DNS 命名空间和主机名共同构成完全合格的域名（FQDN，Fully qualified Domain Name）。DNS 命名空间是一种分级结构的名称树，DNS 使用该树标识和定位特定域中特定主机相对于树根的位置。在每个域级别上，用圆点"."分隔从父级域派生的子域。

1）根域

根域是 DNS 树中的根节点。根域没有名称，有时在末尾跟个圆点"."表示该名称位于域层次中的根或最上层。目前分布在全世界的根域服务器只有 13 台，全部由 Internet 网络信息中心（InterNIC）管理，在根域服务器中只保存其下层的顶级域的 DNS 服务器名称和 IP 地址的对应关系，并不需要保存全世界所有 DNS 名称信息。

2）顶级域

顶级域位于根域的下层，顶级域常用两个或三个字符的名称代码表示，它标识了域名的组织或地理状态。常用顶级域如表 4-3 所示。

表 4-3　常用顶级域

国家/地区顶级域名		机构顶级域名	
.cn	中国	.com	公司企业
.hk	香港	.edu	教育机构
.jp	日本	.gov	政府机构
.fr	法国	.mil	军事机构
.de	德国	.net	网络支持组织
		.org	非营利性组织

3）二级域

二级域名是 Internet 网络信息中心正式注册给个人或组织的唯一名称，该名称没有固定的长度。例如，www.microsoft.com 的二级域名是 ".microsoft"，这是 Internet 网络信息中心注册并分配给微软公司的。

4）子域

除了向 Internet 网络信息中心注册的二级域名，大型组织可通过添加分支机构或部门来进一步划分其注册的域名。这些分支机构或部门由单独的名称部分表示。子域名的示例，如.sales.shixun.com、.finance.shixun.com 等。

5）完全合格域名

完全合格域名（FQDN）是能够明确表示其在域名空间树中精确位置的 DNS 域名。图 4-43 显示了时讯公司的 DNS 域名称空间。顶级域为 ".com" 代表的 Internet 名称空间，该名称空间由 Internet 管理组织进行管理。二级域 "shixun" 及其子域 "west" "south" "east" 和 "sales" 都表示专用名称空间，由时讯公司进行管理。主机 SERVER1 的 FQDN 为 SERVER1.sales.south.shixun.com，确切地表明了该主机在名称空间中相对于该名称空间的根的位置。

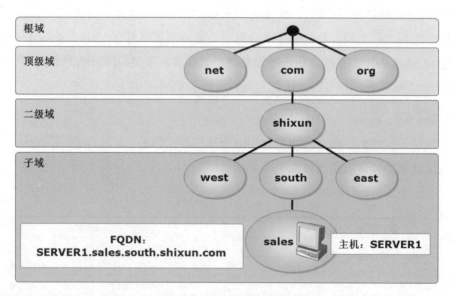

图 4-43

3. DNS 系统结构

DNS 系统结构由三部分构成：DNS 服务器、DNS 客户端和 DNS 资源记录，其中 DNS 服务器上存储了资源记录，一般根域在 Internet 上，如图 4-44 所示。

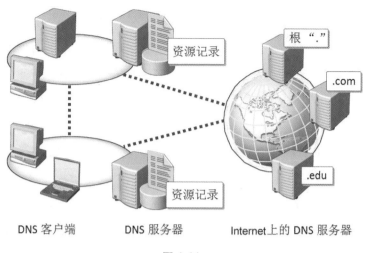

图 4-44

（1）DNS 服务器：承载一个名称空间或部分名称空间，存储 DNS 资源记录，用于应答 DNS 客户端提交的名称解析请求。

（2）DNS 客户端：用于查询 DNS 服务器中资源记录的相应结果。

（3）DNS 资源记录：DNS 数据库中将主机名映射到资源的记录。

4．DNS 查询

DNS 查询是指发往 DNS 服务器的名称解析请求，主要有两种类型的查询：递归查询和迭代查询。DNS 客户端默认使用递归查询，DNS 服务器默认使用迭代查询。

1）递归查询

递归查询是 DNS 客户端发往 DNS 服务器，并要求其提供该查询完整的答案。对递归查询的有效查询要么是完整的答案，要么是表示无法解析名称的回复。不能将递归查询定位到其他 DNS 服务器，如图 4-45 所示。

图 4-45

DNS 客户端发往 DNS 服务器的递归查询的工作过程如下。

（1）客户端计算机 1 向本地 DNS 服务器发出递归查询，如查找 www.shixun.com 的 IP 地址。

（2）本地 DNS 服务器检查正向查找区域和缓存，寻找该查询的答案。

（3）如果 DNS 服务器找到该查询的答案，DNS 服务器将答案（如 IP 地址 172.16.64.11）返回给 DNS 客户端。

（4）如果没有找到答案，则 DNS 服务器通过转发器和根提示定位答案。

注意：

根提示是 DNS 服务器中的 DNS 资源记录，这些记录列出了 DNS 根服务器的 IP 地址。它存储在%Systemroot%\System32\Dns 文件夹的 Cache.dns 文件中。

2）迭代查询

迭代查询是指一台本地 DNS 服务器发往另外一台 DNS 服务器的查询。迭代查询的工作过程如图 4-46 所示。

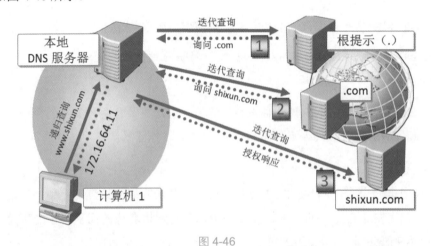

图 4-46

（1）本地 DNS 服务器收到 DNS 客户端发来的递归查询。例如，计算机 1 向本地 DNS 服务器发出递归查询 www.shixun.com。

（2）本地 DNS 服务器向根服务器发出迭代查询以获得授权名称服务器。根服务器响应，提供顶级域名的 DNS 服务器的链接地址。例如，承载.com 的 DNS 服务器的链接地址。

（3）本地 DNS 服务器继续向下一级域名的 DNS 服务器发出迭代查询。例如，本地 DNS 服务器向承载.com 的 DNS 服务器发出迭代查询。

（4）该过程将反复进行，直到本地 DNS 服务器收到一个授权响应。例如，承载.com 的 DNS 服务器会响应一个承载 shixun.com 的 DNS 服务器的链接地址；接下来，本地 DNS

服务器向 shixun.com 的 DNS 服务器发出一个迭代查询，以便从授权名称服务器上获得授权答案。最后，本地 DNS 服务器收到承载 shixun.com 的 DNS 服务器发来的授权响应。

（5）本地 DNS 服务器将该授权响应发送给 DNS 客户端。例如，本地 DNS 服务器将主机名称为 www.shixun.com 的 IP 地址 172.16.64.11 发送给计算机 1。

5. DNS 区域

DNS 区域可以容纳一个或多个域的资源记录，如果有一个 DNS 域名称空间，那么就需要在一台 DNS 服务器上创建相对应的 DNS 区域。根据功能不同，可将 DNS 区域分为主要区域、辅助区域和存根区域。

（1）主要区域用来创建和管理资源记录，DNS 客户端可以向主要区域查询、注册或更新资源记录。

（2）辅助区域是主要区域的只读副本，DNS 客户端只能向辅助区域查询资源记录，管理员无法更改辅助区域中的记录。在不同的 DNS 服务器上配置主要区域和辅助区域，当一台 DNS 服务器失效时可以提供容错功能。

（3）存根区域只包含标识该区域的授权 DNS 服务器所需的资源记录，它的记录包含起始授权机构（SOA）、名称服务器（NS）和黏附主机记录；存根区域就像一个书签，它仅仅指向主管该区域的 DNS 服务器。

根据客户端查询资源记录方式的不同，DNS 区域可以分为正向查找区域和反向查找区域。

正向查找区域是基于 DNS 域名的，通过查询主机名找到其 IP 地址。例如，计算机 1 需要查找 client2.shixun.com 的 IP 地址，DNS 服务器将搜索其正向查找区域 shixun.com，查找与主机名 client2.shixun.com 对应的 IP 地址，并把 IP 地址返回给计算机 1。

反向查找区域是基于 in-addr.arpa 域名的，通过 IP 地址找到其主机名。例如，计算机 1 需要查找 192.168.1.46 的主机名，DNS 服务器将搜索其反向查找区域 1.168.192.in-addr.arpa，查找与 IP 地址关联的主机名，并把主机名返回给计算机 1。

根据区域数据存储方式的不同，DNS 区域可以分为标准区域和 Active Directory 集成区域。

标准区域的区域数据存储在本地文件中。

Active Directory 集成区域的数据存储在 Active Directory 中。Active Directory 集成区域的优点就是在 Active Directory 中存储 DNS 数据更安全，可以通过 Active Directory 的复制完成 DNS 区域复制。实现 Active Directory 集成 DNS 区域的条件是：DNS 服务器必须是域控制器。

任务 4 Web 服务器的安装及静态网站的发布

【任务目标】

教学
操作
视频

1. 安装 Web 服务器（IIS）。
2. 通过 IIS 发布网站。

【任务场景】

学校需要发布一个内部网站，其域名为 www.network.com。通过这个网站可以了解学校的新闻、公告等信息。信息网络中心主任让小张同学先在实验环境下搭建 Web 服务器，完成网站的测试工作。

【任务环境】

小张同学搭建的实验环境如图 4-47 所示，在服务器 Servel 上安装 Web 服务器（IIS），用客户端计算机 Win10 进行网站测试。

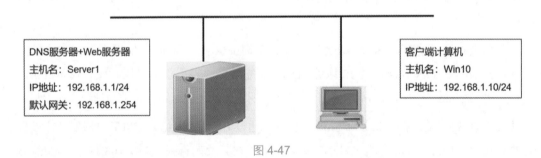

DNS服务器+Web服务器
主机名：Server1
IP地址：192.168.1.1/24
默认网关：192.168.1.254

客户端计算机
主机名：Win10
IP地址：192.168.1.10/24

图 4-47

【任务实施】

1. 在服务器 Server1 上安装 Web 服务器（IIS）

（1）在服务器 Server1 打开"服务器管理器"窗口，单击"仪表板"处的"添加角色和功能"命令，打开"添加角色和功能向导"对话框，持续单击"下一步"按钮，直到出现"选择服务器角色"界面，勾选"Web 服务器（IIS）"复选框，单击"下一步"按钮，如图 4-48 所示。

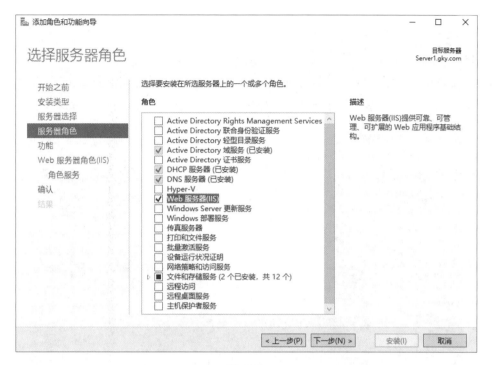

图 4-48

（2）持续单击"下一步"按钮，直到出现"确认安装所选内容"界面，单击"安装"
按钮，如图 4-49 所示。

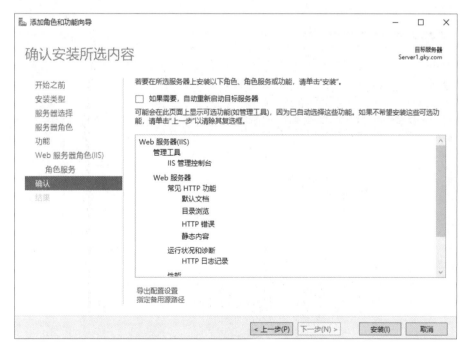

图 4-49

（3）安装完毕后，单击"关闭"按钮。

（4）安装完 Web 服务器后，IIS 会默认加载一个"Default Web Site"站点，该站点用于测试 IIS 是否可以正常工作。此时用户打开 Web 浏览器，输入 IP 地址 192.168.1.1，如果 IIS 可以正常工作，则显示图 4-50 所示的网页。

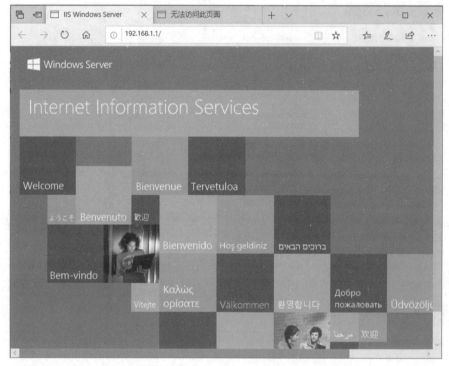

图 4-50

2．配置静态网站

（1）在服务器 Server1 的 C 盘新建"Web"文件夹和子文件夹"静态网站"，如图 4-51 所示。

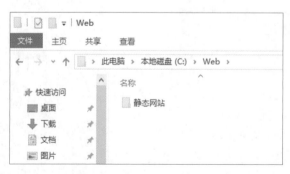

图 4-51

（2）打开"记事本"软件，创建"index.htm"文档，文档内容如图 4-52 所示，将文档保存在子文件夹"静态网站"中。

图 4-52

（3）单击"服务器管理器"右上角的"工具"菜单，选择"Internet Information Services（IIS）管理器"选项后，单击打开"Internet Information Services（IIS）管理器"控制台。

（4）右击"Default Web Site"站点，在弹出的快捷菜单中单击"管理网站"→"停止"命令暂时关闭默认站点，如图 4-53 所示。

图 4-53

（5）在"Internet Information Services（IIS）管理器"控制台，右击"网站"，在弹出的快捷菜单中单击"添加网站"命令，如图 4-54 所示，打开"添加网站"对话框。

（6）如图 4-55 所示，在"添加网站"对话框中输入网站名称、物理路径、IP 地址和端口后，单击"确定"按钮完成网站添加，如图 4-56 所示。

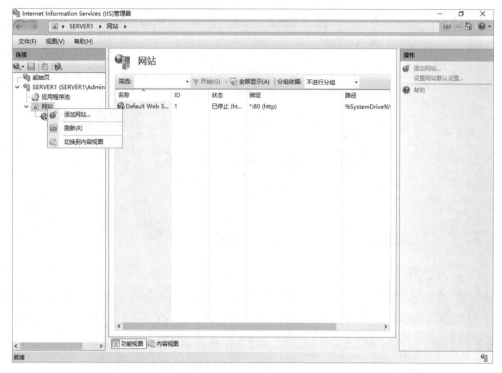

图 4-54

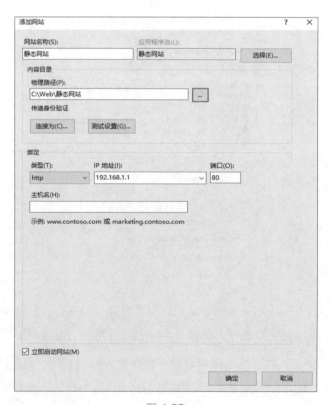

图 4-55

图 4-56

3. 在 DNS 服务器添加正向查找区域资源记录

在服务器 Server1 上打开"DNS"控制台,右击"network.com"区域,在弹出的快捷菜单中单击 "新建主机(A 或 AAAA)"命令,打开"新建主机"对话框,输入名称和 IP 地址,如图 4-57 所示,单击"添加主机"按钮完成主机记录的添加。

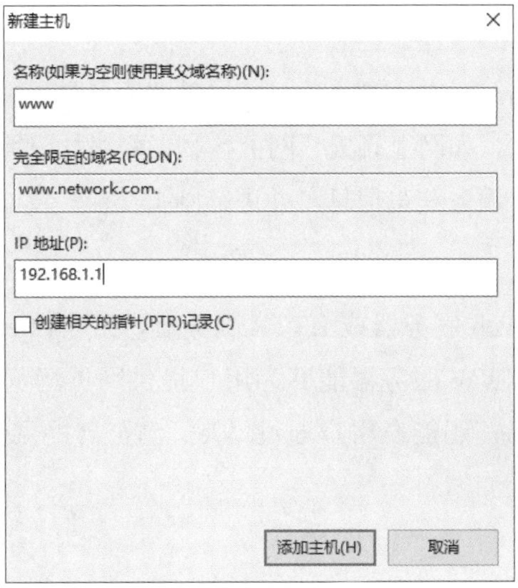

图 4-57

4．测试网站

在 Win10 客户机，打开 IE 浏览器，输入 IP 地址，测试结果如图 4-58 所示。

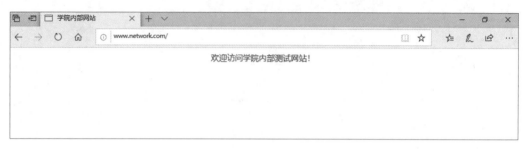

图 4-58

【相关知识】

WWW（World Wide Web，万维网）是 Internet 上被广泛应用的一种信息服务，它建立在 C/S 模式之上，以 HTML 语言和 HTTP 协议为基础，能够提供面向各种 Internet 服务的、统一用户界面的信息浏览系统。WWW 为人们提供了查找和共享信息的手段，是人们进行动态多媒体交互的最佳方式。

1．WWW 服务原理

WWW 的工作采用浏览器/服务器体系结构，主要由 Web 服务器和客户端浏览器两部分组成。当访问 Internet 上的某个网站时，我们使用浏览器这个软件向网站的 Web 服务器发出访问请求；Web 服务器接收请求后，找到存放在服务器上的网页文件，将文件通过 Internet 传送给我们的计算机；最后浏览器将文件进行处理，把文字、图片等信息显示在屏幕上。WWW 的工作原理如图 4-59 所示。

WWW 并不等于 Internet，它只是 Internet 提供的服务之一。但是， Internet 上很多服务都是基于 WWW 服务的，如网上聊天、网上购物、网络炒股等。我们平常所说的网上冲浪，其实就是利用 WWW 服务获得信息，并进行网上交流。

2．WWW 服务器

WWW 服务器也称 Web 服务器或 HTTP 服务器，它是 Internet 上最常见的也是使用最频繁的服务器之一。WWW 服务器能够为用户提供网页浏览、论坛访问等服务；Web 服务器不仅能够存储信息，还能在用户通过 Web 浏览器提供信息的基础上运行脚本和程序。

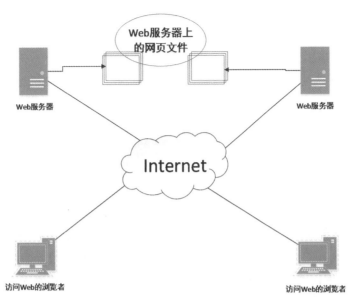

图 4-59

1）Web 服务器功能

Web 服务器的任务是接收请求；对请求的合法性进行检查（包括安全性屏蔽）；针对请求获取并制作数据，包括 Java 脚本和程序、CGI 脚本和程序、为文件设置适当的 MIME 类型对数据进行前期处理和后期处理；把信息发送给提出请求的客户机。

Web 服务器发送给客户浏览器的是一个 HTML 文件，该文件可能包括图形、图像、声音、动画等多媒体信息。这些多媒体信息的容量大、传输时间长，如果一次全部传给客户机，很容易造成用户长时间的等待。为了解决这个问题，服务器对浏览器请求信息的传输是分次的，先传送纯文本信息，再传送多媒体信息。

2）虚拟主机

虚拟主机是使用特殊的软硬件技术把一台计算机主机分成一台"虚拟"的主机，每台主机都具有独立的域名和 IP 地址（或共享的 IP 地址），具有完整的 Internet 服务器功能。虚拟主机之间完全独立，在外界看来，虚拟主机和独立的主机完全一样，用户可以利用它来建立属于自己的 WWW、FTP 和 E-mail 服务器。

虚拟主机技术的出现，是对 Internet 技术的重大贡献。由于多台虚拟主机共享一台真实主机的资源，每个用户承受的硬件费用、网络维护费用、通信线路费用均大幅度降低，使 Internet 真正成为人人用得起的网络。虚拟主机服务提供者的服务器硬件的性能比较高，通信线路也比较通畅，可以达到非常高的数据传输速度，并且为用户提供了一个良好的外部环境；用户不用负责机器硬件的维护、软件设置、网络监控、文件备份等工作。

3）服务器托管

服务器托管即租用 ISP 机架位置，建立企业 Web 服务系统。企业主机放置在 ISP 机房内，由 ISP 分配 IP 地址，提供必要的维护工作，由企业自己进行主机内部的系统维护及数据的更新。这种方式特别适用于大量数据需要通过 Internet 进行传递及大量信息需要发布的单位。

3. WWW 浏览器

WWW 的客户端程序称为 WWW 浏览器。WWW 浏览器是一种用于浏览 Internet 主页（Web 文档）的软件，可以说是 WWW 的窗口。WWW 浏览器为用户提供了寻找 Internet 上内容丰富、形式多样的信息资源的便捷途径，我们可以通过 WWW 浏览器浏览多姿多彩的 WWW 世界。现在的浏览器功能非常强大，利用浏览器可以访问 Internet 上的各类信息。更重要的是，目前的浏览器基本上都支持多媒体，可以通过浏览器来播放声音、动画与视频。

反思与总结

单元练习

1. 网络操作系统是（　　）。

A. 系统软件　　　　　　　　　　　　B. 系统硬件

C. 应用软件　　　　　　　　　　　　D. 工具软件

2. 全部是网络操作系统的是（　　）。

A. Windows Server 2019、Windows 10、Linux

B. Windows Server 2019、Windows Server 2003、DOS

C. Windows Server 2019、UNIX、Windows Server 2016、Linux

D. Active Directory、Windows Server 2019、Windows Server 2012

3．使用 DHCP 服务器的好处是（　　　）。

A．降低 TCP/IP 网络的配置工作量

B．增加系统安全性

C．对经常变动位置的工作，DHCP 能迅速更新位置信息

D．以上都是

4．（　　　）可以手动更新 DHCP 客户机的 IP 地址。

A．ipconfig 　　　　　　　　　　　B．ipconfig/all

C．ipconfig/renew 　　　　　　　　D．ipconfig/release

5．在互联网中使用 DNS 的好处是（　　　）。

A．友好性高，比 IP 地址容易记忆

B．域名比 IP 地址更具持续性

C．没有任何好处

D．访问速度比直接使用 IP 地址的更快

6．在安装 DNS 服务器时，（　　　）不是必需的。

A．有固定的 IP 地址

B．安装并启动 DNS 服务器

C．有区域文件，或者配置转发器，或者配置根提示

D．要授权

7．WWW 服务器使用（　　　）协议为客户提供 Web 浏览服务。

A．FTP 　　　　　　　　　　　　　B．HTTP

C．SMTP 　　　　　　　　　　　　D．NNTP

8．Web 网站的默认 TCP 端口号为（　　　）。

A．21 　　　　　　　　　　　　　　B．80

C．8080 　　　　　　　　　　　　　D．1024

9．Web 的主要功能是（　　　）。

A．传送网上所有类型的文件 　　　　B．远程登录

C．发送电子邮件 　　　　　　　　　D．提供浏览网页服务

10．HTTP 协议的中文含义是（　　　）。

A．高级程序设计语言 　　　　　　　B．域名

C．超文本传输协议 　　　　　　　　D．互联网网址

11．虚拟目录指的是（　　　）。

A．位于计算机物理文件系统中的目录

B．管理员在 IIS 中制订并映射到本地或远程服务器上的物理目录的目录名称

C．一个特定的、包含根应用的目录路径

D．Web 服务器所在的目录

12．HTTPS 协议的端口号是（　　　）。

A．21　　　　　　　　　　　　　　　B．23

C．25　　　　　　　　　　　　　　　D．53

13．HTTP 协议的作用是（　　　）。

A．将 Internet 名称转换成 IP

B．提供远程访问服务

C．传送组成 WWW 网页的文件

D．传送邮件消息

14．DNS 解析参数中的 A Record 的功能是（　　　）。

A．域名指向一个 IPv4 地址

B．子域名指定某台地址解析

C．起始授权机构记录

D．指向域名服务器的别名

15．WWW 的超链接中定位信息所在位置使用的是（　　　）。

A．超文本（Hypertext）

B．统一资源定位器（URL）

C．超媒体技术（HyperMedia）

D．超文本标记语言（HTML）

16．下列域名中，不是顶级域名是（　　　）。

A．.edu　　　　　　　　　　　　　　B．.org

C．.sohu　　　　　　　　　　　　　　D．.com

17．DHCP Discovery 报文的功能是（　　　）。

A．客户端发送 DHCP 发现报文

B．客户端发送 DHCP 响应报文

C．客户端发送 DHCP 地址请求报文

D．客户端发送 DHCP 确认报文

18．你的网络中有一台名称为 Server1 运行 Windows Server 2019 的 DNS 服务器。你要确保客户端计算机可以将 IPv4 地址解析成 FQDN，应该创建哪种类型的资源记录（　　　）。

A．别名记录（CNAME）　　　　　　　B．主机记录（A）

C．主机记录（AAAA）　　　　　　　　D．指针记录（PTR）

19．你的公司有四个运行 Windows Server 2019 的 DNS 服务器，每个服务器有一个静态的 IP 地址。你必须防止将 DNS 服务器的地址分配给 DHCP 客户端，应该怎么做（　　）。

A．为 DNS 服务器创建一个新的作用域

B．创建一个 DHCP 服务器保留选项

C．配置 005 名服务器配置作用域选项

D．配置包含这四台 DNS 服务器 IP 地址的例外

20．你有一台名称为 Server1 的 DHCP 服务器和一台名称为 Server2 的应用程序服务器。这两台服务器运行 Windows Server 2019 R2。DHCP 服务器包含一个作用域。你需要确保 Server2 上总是接收到相同的 IP 地址，Server2 也必须从 Server1 上接收到 DNS 设置和 WINS 设置，应该怎么做（　　）。

A．创建一个多播范围

B．给 Server2 分配一个静态 IP 地址

C．创建一个在 DHCP 范围之外的区域

D．在 DHCP 作用域上创建一个 DHCP 保留

扫一扫，看微课
任务 1

扫一扫，看微课
任务 2

扫一扫，看微课
任务 3

扫一扫，看微课
任务 4

单元五
构建网络安全

学习目标

【知识目标】

1. 熟悉常见的网络攻击类型。

2. 掌握网络攻击的步骤。

3. 掌握典型计算机病毒的基本原理和查杀方法。

4. 掌握加密和解密的应用。

5. 掌握包过滤防火墙的工作原理及应用。

【技能目标】

1. 熟练使用端口扫描工具扫描端口，发现潜在漏洞。

2. 熟练使用杀毒软件，查杀各类典型的计算机病毒。

3. 掌握加密和解密的应用场景，并使用加密技术传输文件。

4. 掌握包过滤防火墙安全规则。

【素养目标】

1. 具备分析问题和解决问题的能力。

2. 具备沟通与团队的协作能力。

3. 具备网络安全管理能力。

教学导航

知识重点	1. nmap 信息收集 2. 计算机病毒基本原理及特征 3. 对称加密及非对称加密的特点及应用 4. 包过滤防火墙技术原理
知识难点	1. 针对终端信息收集 2. 典型计算机病毒工作原理及查杀情况 3. 如何产生密钥及加密应用和解密应用 4. 包过滤防火墙安全规则配置
推荐教学方式	从工作任务入手,通过任务实施,使得学生对所学知识从抽象到具体,逐步理解并掌握网络安全搭建的原理及方式
建议学时	12 学时
推荐学习方法	动手完成任务,在任务中逐步理解并掌握网络安全的技术特点和防护方式

任务 1 网络信息收集

【任务目标】

教学
操作
视频

1. 熟悉常见的网络攻击类型,掌握网络攻击的步骤。
2. 使用端口扫描工具扫描端口,发现网络潜在漏洞。

【任务场景】

为了确保校园内终端设备的安全性,需要使用网络信息扫描工具针对设备进行扫描,查看端口开启情况,从端口信息确认所开启的应用信息及潜在漏洞的情况。校园网信息中心主任安排张同学先在模拟环境下熟悉工具测试,为后续实操测试终端设备上的安全使用奠定坚实的基础。

【任务环境】

小张使用 kali 设备中的 nmap 工具,针对同一网段内的设备进行端口扫描,查看主机端口开启情况及潜在漏洞信息。模拟网络拓扑如图 5-1 所示。

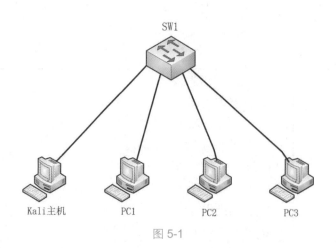

图 5-1

【任务实施】

1. 搭建网络环境

（1）打开 Kali 主机及虚拟的终端设备 Win7 主机，并确保两台机器在 VMware 中都是以 NAT 方式通信的，双方可以 ping 通。单击 VMware 中"虚拟机"设置命令，打开"虚拟机设置"对话框，选择"网络适配器"选项，选择"NAT 模式"单选按钮，勾选"已连接"复选框，然后单击"确定"按钮，如图 5-2 所示。

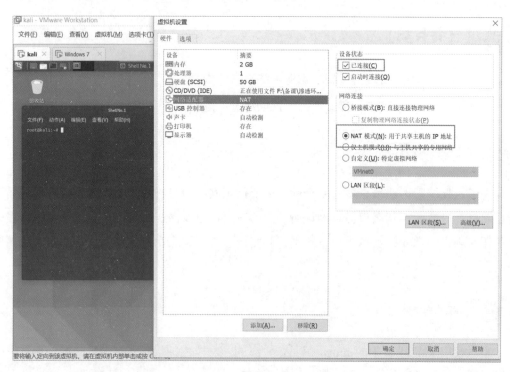

图 5-2

（2）在 Kali 主机中打开终端，使用命令 ifconfig 查询本机 IP 地址，如图 5-3 所示。

图 5-3

2．扫描网络并收集网络信息

（1）使用 nmap -sn -n 192.168.106.0/24 扫描整个网段，确认网段内存活的主机数。当显示为"Host is up"时，表示这台终端是存活主机，如图 5-4 所示。

图 5-4

（2）在 Kali 主机中打开 wireshark 抓包软件，如图 5-5 所示。

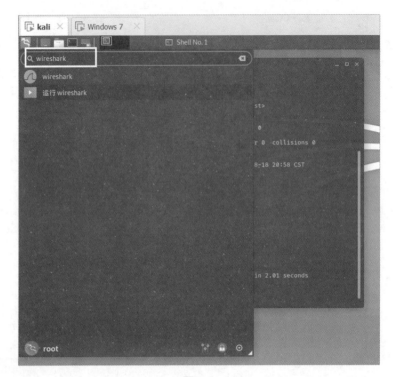

图 5-5

（3）在抓包软件的筛选器中输入 ip.dst==192.168.106.141，确定扫描目标为 Win7 主机，并查看在扫描过程中会出现哪种回包，如图 5-6 所示。

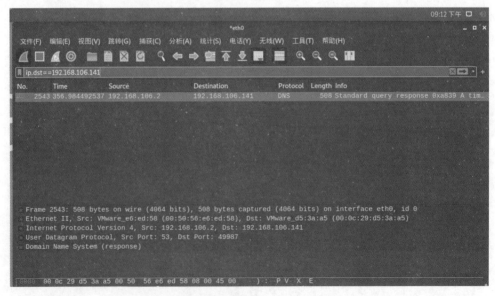

图 5-6

（4）使用命令 nmap -sP 192.168.106.141 查看终端结果及回包情况，确认扫描的方式为
TCP connect()扫描，Kali 主机向 Win7 主机所有端口发送 TCP 请求连接，如果 Win7 主机某
端口回复，则表示该端口开启；如果无回复，则表示该端口关闭。Kali 扫描结果如图 5-7
所示，wireshark 抓包结果如 5-8 所示。

图 5-7

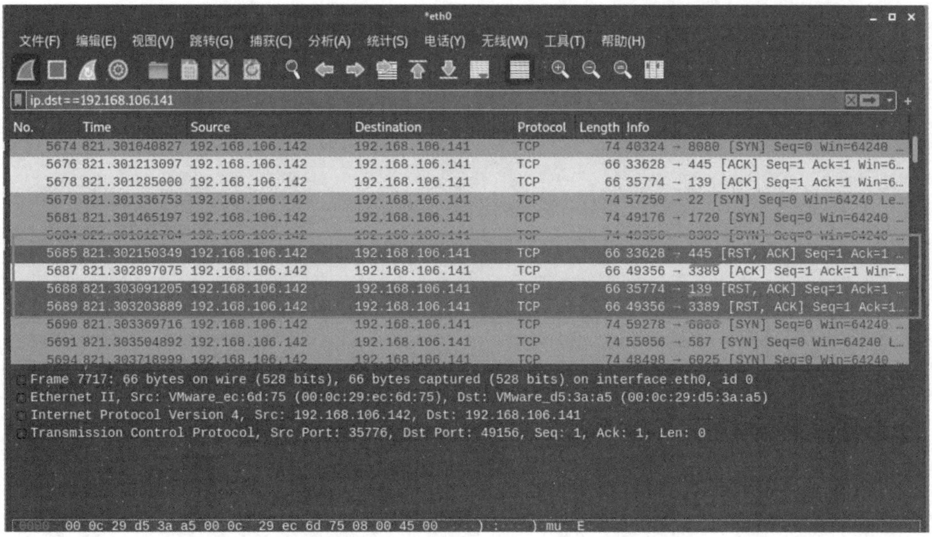

图 5-8

（5）使用命令 nmap -sS 192.168.106.141 查看终端结果及回包情况，确认扫描的方式为 TCP SYN 扫描，Kali 主机向 Win7 主机的所有端口请求连接，如果 Win7 主机的端口有回应，则 Kali 主机向对方发送 RST 包，使对方端口复位，此时没有进行真正的连接，但通过对方回复数据包确认端口是开启的；如果被扫描的端口没有回复 SYN/ACK 数据包，则表示该端口关闭。扫描结果如图 5-9 所示，wireshark 抓包结果如图 5-10 所示。

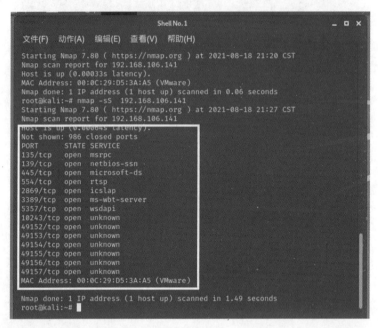

图 5-9

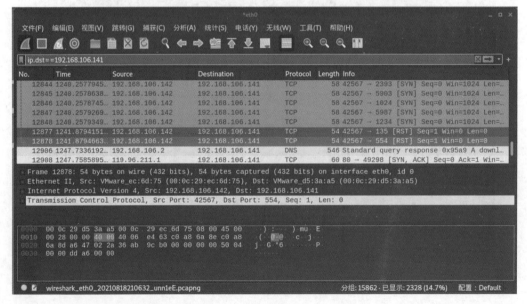

图 5-10

（6）使用命令 nmap -sU192.168.106.141 查看终端结果及回包情况，确认扫描的方式为
UDP 扫描，这种技术是针对 UDP 端口的，将 UDP 数据包发送到目标主机，并等待响应，
如果返回 ICMP 不可达的错误消息，则说明端口是关闭的，如果得到正确的适当的回应，
则说明端口是开放的。扫描结果如图 5-11 所示，wireshark 抓包结果如图 5-12 所示。

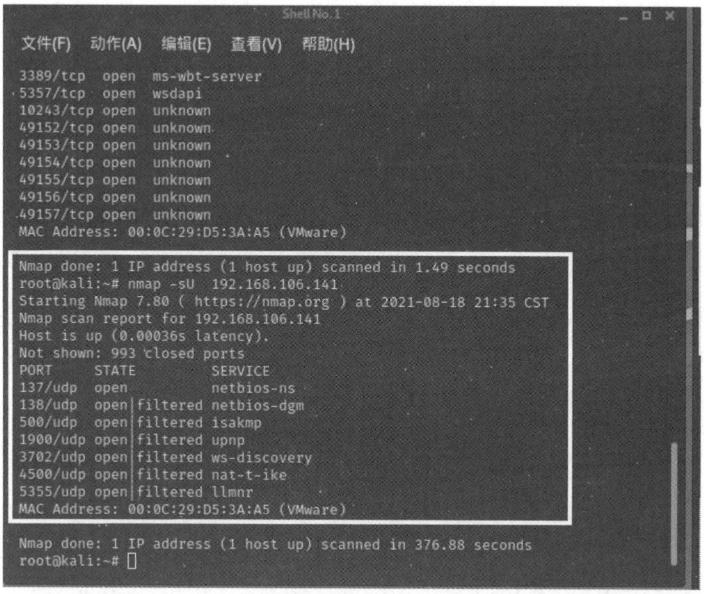

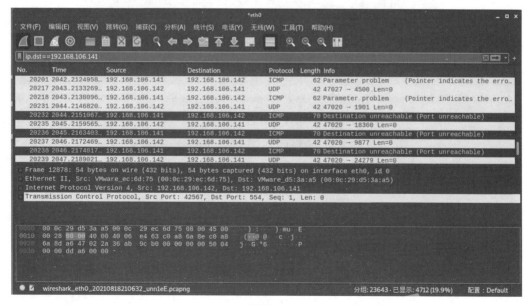

图 5-11

图 5-12

【相关知识】

1. 网络安全

计算机网络安全是涉及计算机科学、网络技术、通信技术、密码技术、信息安全技术、应用数学、数论、信息论等多种学科的综合学科，包括网络管理、数据安全等很多方面。网络安全是指网络系统的硬件、软件及其系统中的数据受到保护，不受偶然的因素或恶意的攻击而遭到破坏、更改、泄露，系统能连续可靠地正常运行，网络服务不中断。

1）网络安全的基本要素

网络安全包含 5 个基本要素，即保密性（Confidentiality）、完整性（Integrity）、可用性（Availability）、可控性（Controllability）与不可否认性（Non-Repudiation），5 个要素之间的关系如图 5-13 所示。

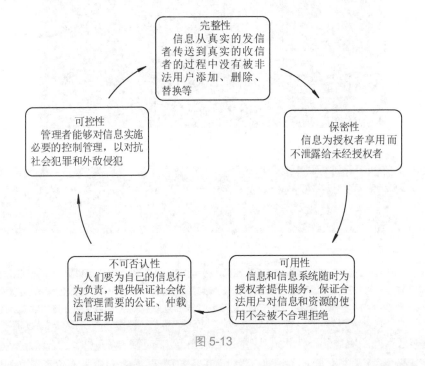

图 5-13

（1）保密性。保密性是指保证信息不能被非授权访问，即使非授权用户得到信息也无法知晓消息内容，因而不能使用。通常通过访问控制阻止非授权用户获得机密信息，还通过加密阻止非授权用户获知信息内容，确保信息不暴露给未授权的用户或进程。

（2）完整性。完整性是指只有得到允许的人才能修改实体或进程，并且能够判断实体或进程是否已被修改。一般通过访问控制阻止篡改行为，同时通过消息摘要算法检验信息是否被篡改。

（3）可用性。可用性是信息资源服务功能和性能可靠性的度量，涉及物理、网络、系统、数据、应用和用户等多方面的因素，是对信息网络总体可靠性的要求。授权用户根据需要，可以随时访问所需信息，攻击者不能占用所有资源而阻碍授权者的工作。使用访问控制机制阻止非授权用户进入网络，使静态信息可见，动态信息可操作。

（4）可控性。可控性主要是指对危害国家信息（包括利用加密的非法通信活动）的监视审计，控制授权范围内的信息的流向及行为方式。使用授权机制控制信息传播的范围、内容，必要时能恢复密钥，实现对网络资源及信息的可控性。

（5）不可否认性。不可否认性是对出现的安全问题提供调查的依据和手段。使用审计、监控、防抵赖等安全机制，使攻击者、破坏者、抵赖者"逃不脱"，并进一步对网络出现的安全问题提供调查依据和手段，实现信息安全的可审查性，一般通过数字签名等技术实现不可否认性。

2）网络安全研究的主要问题

网络安全研究的主要问题包括物理安全、逻辑安全、操作系统安全和网络传输安全。

（1）物理安全。物理安全是指用来保护计算机硬件和存储介质的装置和工作程序。物理安全包括防盗、防火、防静电、防雷击和防电磁泄漏等内容。

① 防盗。如果计算机被盗，尤其是硬盘被盗，信息丢失所造成的损失可能远远超过计算机硬件本身的价值。防盗是物理安全的重要一环。

② 防火。引发火灾的原因有：由于电气设备和线路过载、短路、接触不良等原因引起的电打火而导致火灾；操作人员乱扔烟头、操作不慎可导致火灾；人为故意纵火或外部火灾蔓延可导致机房火灾。火灾造成的破坏性很大，因此在日常使用中一定要注意防火。

③ 防静电。静电是由物体间相互摩擦接触产生的。静电产生后，如未能释放而留在物体内部，可能在不知不觉中使大规模电路损坏。保持适当的湿度有助于防静电。

④ 防雷击。防雷击主要根据电气、微电子设备的不同功能及不同受保护程度和所属保护层，确定防护要点进行分类保护；也可根据雷电引起瞬间过电压危害的可能通道，从电源线到数据通信线路进行多级保护。

⑤ 防电磁泄漏。防电磁泄漏的有效措施是采取屏蔽，屏蔽主要有电屏蔽、磁屏蔽和电磁屏蔽。

（2）逻辑安全。计算机的逻辑安全主要用口令、文件许可、加密、检查日志等方法来实现。防止黑客入侵主要依赖于计算机的逻辑安全。逻辑安全可以通过以下措施来加强。

① 限制登录的次数，对试探操作加上时间限制；

② 把重要的文档、程序和文件加密；

③ 限制存取非本用户自己的文件，除非得到明确的授权；

④ 跟踪可疑的、未授权的存取企图。

（3）操作系统安全。操作系统是计算机中最基本、最重要的软件之一，同一计算机可以安装几种不同的操作系统。如果计算机系统需要提供给许多人使用，操作系统必须能区分用户，防止相互之间干扰。一些安全性高、功能较强的操作系统可以为计算机的不同用户分配账户。不同账户有不同的权限。操作系统不允许一个用户修改由其他账户产生的数据。操作系统分为网络操作系统和个人操作系统，其安全内容主要包括如下几个方面。

① 系统本身的漏洞；

② 内部用户和外部用户的安全威胁；

③ 通信协议本身的安全性；

④ 病毒感染。

（4）网络传输安全。网络传输安全是指信息在传播过程中出现丢失、泄露、受到破坏等情况，其主要内容如下。

① 访问控制服务：用来保护计算机和联网资源不被非授权使用。

② 通信安全服务：用来认证数据的保密性和完整性，以及各通信的可信赖性。

3）网络安全常见的防范技术

（1）数据加密技术。对网络中传输的信息进行加密是保障信息安全最基本、最核心的技术之一。信息加密是现代密码学的核心内容，其过程由加密算法来实现，它以很小的代价提供很大的安全保护。在多数情况下，信息加密是保证信息机密性的唯一方法。

（2）信息确认技术。信息确认技术通过严格限定信息的共享范围达到防止信息被非法伪造、篡改和假冒的目的。一个安全的信息确认方案应该能保障信息接收者验证收到的消息是否真实；发信者无法抵赖自己发出的消息；除合法发信者外，别人无法伪造消息；发生争执时可由第三方仲裁。

（3）防火墙技术。尽管近年来各种网络安全技术不断涌现，但截至目前，防火墙仍是网络系统安全保护中最常用的技术之一。防火墙系统是一种网络安全部件，它可以是硬件，也可以是软件，也可以是硬件和软件的结合。这种安全部件处于被保护网络和其他网络的边界，接收进出被保护网络的数据流，并根据防火墙所配置的访问控制策略进行过滤或做出其他操作。防火墙系统不但能够保护网络资源不受外部的入侵，而且还能够拦截从被保护网络向外传送有价值的信息。防火墙系统可用于内部网络与 Internet 之间的隔离，也可用于内部网络不同网段的隔离，后者通常被称为 Intranet 防火墙。

（4）网络安全扫描技术。网络安全扫描技术是指为使系统管理员能够及时了解系统中存在的安全漏洞，并采取相应的防范措施，从而降低系统安全风险而发展起来的一种安全技术。利用安全扫描技术，可以对局域网络、Web 站点、主机操作系统、系统服务及防火墙系统的安全漏洞进行扫描，同时系统管理员可以了解在运行的网络系统中存在的不安全的网络服务，以及在操作系统上存在的可能导致遭受缓冲区溢出攻击或拒绝服务攻击的安全漏洞，还可以检测主机系统中是否被安装了窃听程序，防火墙系统是否存在安全漏洞和配置错误。网络安全扫描技术主要有网络远程安全扫描、防火墙系统扫描、Web 网站扫描、系统安全扫描等几种方式。

（5）网络入侵检测技术。网络入侵检测技术也称网络实时监控技术，它通过硬件或软件对网络上的数据流进行实时检查，并与系统中的入侵特征数据库进行比较，一旦发现有被攻击的迹象，立刻根据用户所定义的动作做出反应，如切断网络连接，或者通知防火墙系统对访问控制策略进行调整，将入侵的数据包过滤掉等。

利用网络入侵检测技术可以实现网络安全检测和实时攻击识别，但它只能作为网络安全的一个重要安全组件。网络系统安全实际的保障应该结合使用防火墙等技术来组成一个完整的网络安全解决方案，其原因在于网络入侵检测技术虽然也能对网络攻击进行识别并做出反应，但其侧重点还是在于发现，而不能代替防火墙系统执行整个网络的访问控制策略。防火墙系统能够将一些预期的网络攻击阻挡在网络外面，而网络入侵检测技术除了减小网络系统的安全风险，还能对一些非预期的攻击进行识别并做出反应，切断攻击连接或通知防火墙系统修改控制准则，将下一次的类似攻击阻挡在网络外部。因此通过网络安全检测技术和防火墙系统的结合，可以构建一个完整的网络安全解决方案。

（6）黑客诱骗技术。黑客诱骗技术是近期发展起来的一种网络安全技术，通过由网络安全专家精心设置的特殊系统引诱黑客，并对黑客进行跟踪和记录。这种黑客诱骗系统通常也称蜜罐（Honeypot）系统，其最重要的功能是一种特殊设置，用来对系统中的所有操作进行监视和记录。网络安全专家通过精心的伪装使黑客在进入目标系统后，仍不知晓自己的所有行为已处于系统的监视中。为了吸引黑客，网络安全专家通常还在蜜罐系统上故意留下一些安全后门吸引黑客上钩，或者放置一些网络攻击者希望得到的敏感信息，当然这些信息都是虚假的。这样，当黑客正为攻入目标系统而沾沾自喜的时候，其在目标系统中的所有行为，包括输入的字符、执行的操作都已经为蜜罐系统所记录。有些蜜罐系统甚至可以对黑客网上聊天的内容进行记录。蜜罐系统管理人员通过研究和分析这些记录，可以知道黑客采用的攻击工具、攻击手段、攻击目的和攻击水平。通过分析黑客的网上聊天内容，还可以获得黑客的活动范围及下一步的攻击目标。根据这些信息，管理人员可以提前对系统进行保护。蜜罐系统中记录下的信息还可以作为对黑客进行起诉的证据。

2. 网络攻击

计算机网络攻击是指网络攻击者利用网络通信协议自身存在的缺陷，用户使用的操作系统内在缺陷或用户使用的程序语言本身所具有的安全隐患，通过使用网络命令或专门的软件非法进入本地或远程用户主机系统，获得、修改、删除用户系统的信息，以及在用户系统上插入有害信息，降低、破坏网络使用性能等一系列活动的总称。

1）网络攻击的主要方式

为了获取访问权限，或者修改、破坏数据等，攻击者会综合利用多种攻击方式达到其目的。常见的攻击方式主要有以下几种。

（1）获取口令。获取口令有多种方式，包括通过网络监听非法得到用户口令；在知道用户的账户后（如用户电子邮件口令@前面的部分）利用一些专门的软件强行破解；在获得一个服务器上的用户口令文件（此文件成为 Shadow 文件）后，用暴力破解程序破解用户口令。

（2）放置特洛伊木马程序。特洛伊木马程序可以直接侵入用户的电脑并进行破坏。它常被伪装成工具程序或游戏等，诱使用户打开带有特洛伊木马程序的邮件附件或从网上直接下载，一旦用户打开这些邮件的附件或执行这些程序，它们就会像古特洛伊人在敌人城外留下的藏满士兵的木马一样留在自己的电脑中，并在计算机系统中隐藏一个可以在 Windows 启动时悄悄执行的程序。

（3）WWW 欺骗技术。WWW 欺骗技术是指要访问的网页已经被黑客篡改过。例如，黑客将用户要浏览网页的 URL 改写为指向黑客自己的服务器，当用户浏览目标网页时，实际上是向黑客服务器发出请求，黑客就可以达到欺骗的目的。

（4）电子邮件攻击。电子邮件攻击主要表现为两种方式：一是电子邮件轰炸和电子邮件"滚雪球"，也就是通常所说的邮件炸弹，指的是用伪造的 IP 地址和电子邮件地址向同一信箱发送数以千计、万计甚至无穷多次的内容相同的垃圾邮件，致使受害人邮箱被"炸"，严重者可能会给电子邮件服务器操作系统带来危险，甚至造成服务器瘫痪。二是电子邮件欺骗，这类欺骗只要用户提高警惕，一般危害性不是太大。

（5）通过一个节点攻击其他节点。通过一个节点攻击其他节点是指黑客在突破一台主机后，往往以此主机作为根据地，攻击其他主机（以隐蔽其入侵路径，避免留下蛛丝马迹）。他们可以使用网络监听的方法，尝试攻破同一网络内的其他主机；也可以通过 IP 欺骗和主机信任关系攻击其他主机。这类攻击很狡猾，但由于 IP 欺骗等技术很难掌握，因此很少被黑客使用。

（6）SQL 注入攻击。SQL 注入攻击自 2004 年开始逐步发展，并日益流行，已成为 Web 入侵的常青技术。这主要是因为网页程序员在编写代码时，没有对用户输入数据的合法性进行判断，使得攻击者可以构造并提交一段恶意的数据，根据返回的结果获得数据库内存储的敏感信息。由于编写代码的程序员技术水平参差不齐，一个网站的代码量往往又大得惊人，使得注入漏洞往往层出不穷，也给攻击者带来了突破的机会。SQL 常用的注入工具有 pangolin、SQLMap 等。

（7）数据库入侵攻击。数据库入侵攻击包括默认数据库下载、暴库下载及数据库弱口令连接等方式。默认数据库下载是指部分网站在使用开源代码程序时，未对数据库路径及文件名进行修改，导致攻击者可以直接下载到数据库文件进行攻击。暴库下载攻击是指由于 IIS 存在%5C 编码转换漏洞，因此攻击者在提交特殊构造的地址时，网站将数据库真实的物理路径作为错误信息返回浏览器中，通过此路径，攻击者可以下载到关键数据库的内容。数据库弱口令连接攻击是指攻击者通过扫推得到的弱口令，利用数据库连接工具直接连接到目标主机的数据库上，并依靠数据库的存储过程扩展等方式，添加后门账户、执行特殊命令。

（8）跨站攻击。跨站攻击是指攻击者利用网站程序对用户输入过滤不足，输入可以显示在页面上对其他用户造成影响的 HTML 代码，从而盗取用户资料、利用用户身份进行某种动作或对访问者进行病毒侵害的一种攻击方式。跨站攻击的目标是盗取客户端的 cookie 或其他网站用于识别客户端身份的敏感信息。获取到用户信息后，攻击者甚至可以假冒最终用户与网站进行交互。

2）网络攻击步骤

黑客进行入侵攻击步骤如下。

（1）信息收集，包括踩点、扫描和查点，主要是确定攻击目标，收集被攻击对象的有关信息，以及分析其可能存在的漏洞情况。

（2）实施攻击，包括获取访问、提权及拒绝服务等，主要就是根据信息收集的情况进行对应的漏洞攻击，已达到非授权进入系统，如果无法进入则可实施拒绝服务等攻击进行破坏。

（3）后渗透攻击，包括盗窃窃取、清除痕迹、建立后门，主要是窃取到所需要的信息，清除进入系统的痕迹及建立稳固的后门方便再次入侵系统。

3．端口扫描技术

端口扫描，顾名思义，就是逐个对一段端口或指定的端口进行扫描。通过扫描结果可以知道一台计算机上都提供了哪些服务，然后可以通过所提供的这些服务的已知漏洞进行攻击。端口扫描的原理是当一个主机向远端一个服务器的某一个端口提出建立一个连接的请求，如果对方有此项服务，就会应答；如果对方未安装此项服务，即使你向相应的端口发出请求，对方仍无应答。利用这个原理，如果对所有熟知端口或自己选定的某个范围内的熟知端口分别建立连接，并记录下远端服务器所给予的应答，通过查看记录就可以知道目标服务器上都安装了哪些服务，这就是端口扫描。通过端口扫描，可以搜集到很多关于目标主机的各种很有参考价值的信息。例如，对方是否提供 FTP 服务、WWW 服务或其他服务。

1）端口的分类

按端口号的不同，可将端口分为三类。

（1）公认端口（Well Known Port）。公认端口号的范围从 0 到 1023，它们与一些常见服务紧密绑定，例如，FTP 服务使用端口 21，在/etc/services 中可以看到这种映射关系。

（2）注册端口（Registered Ports）。注册端口号的范围从 1024 到 49151。它们松散地绑定一些服务，也就是说有许多服务绑定于这些端口，这些端口同样用于许多其他目的。

（3）动态或私有端口（Dynamic and/or Private Ports）。动态端口，即私有端口号（Private Port Numbers），是可用于任意软件与其他任何软件通信的端口数，使用 Internet 的传输控制协议，或者使用用户传输协议。动态端口号的范围一般从 49152 到 65535。常见的端口服务及可能存在的漏洞如表 5-1 所示。

表 5-1

端　口　号	端　口　说　明	攻　击　技　巧
21/22/69	ftp/tftp：文件传输协议	爆破、嗅探、溢出、后门
22	ssh：远程连接	爆破
23	telnet：远程连接	爆破、嗅探
25	smtp：邮件服务	邮件伪造
53	DNS：域名系统	DNS 区域传输 DNS 劫持 DNS 缓存投毒 DNS 欺骗 深度利用：利用 DNS 隧道技术刺透防火墙
67/68	dhcp	劫持、欺骗
110	pop3	爆破
139	samba	爆破、未授权访问、远程代码执行
143	imap	爆破
161	snmp	爆破
389	ldap	注入攻击、未授权访问
512/513/514	linux r	直接使用 rlogin

端 口 号	端 口 说 明	攻 击 技 巧
873	rsync	未授权访问
1080	socket	爆破：进行内网渗透
1352	lotus	爆破：弱口令 信息泄漏：源代码
1433	mssql	爆破：使用系统用户登录、注入攻击
1521	oracle	爆破：TNS、注入攻击
2049	nfs	配置不当
2181	zookeeper	未授权访问
3306	mysql	爆破、拒绝服务、注入
3389	rdp	爆破、Shift 后门
4848	glassfish	爆破：控制台弱口令、认证绕过
5000	sybase/DB2	爆破、注入
5432	postgresql	缓冲区溢出、注入攻击 爆破：弱口令
5632	pcanywhere	拒绝服务、代码执行
5900	vnc	爆破：弱口令、认证绕过
6379	redis	未授权访问 爆破：弱口令
7001	weblogic	Java 反序列化、控制台弱口令、控制台部署 webshell
80/443/8080	web	常见 web 攻击、控制台爆破、对应服务器版本漏洞
8069	zabbix	远程命令执行
9090	websphere 控制台	爆破：控制台弱口令、Java 反序列
9200/9300	elasticsearch	远程代码执行
11211	memcacache	未授权访问
27017	mongodb	爆破、未授权访问

2）Nmap 扫描工具

Nmap 是一个网络探测和安全扫描程序，系统管理者和个人可以使用这个软件扫描大型的网络，获取正在运行的主机及提供的服务等信息。

Nmap 的扫描方式有以下 3 种。

（1）全连接扫描，通过 TCP 的三次握手进行端口连接，能被防火墙有效拦截，故很少使用（同时产生大量日志）。

（2）半连接扫描，使用 TCP 三次握手中的前两次，发送 SYN 请求报文，如果目标回复 SYN/ACK，则表示端口开放；此时，扫描机器向目标机器发送 RST/ACK 数据，如果没有数据包回复，则表示端口关闭（这种扫描方式不产生日志，隐蔽性好）。

（3）秘密扫描，发送 FIN，如果返回 RST，则表示端口关闭，如果没有数据包返回，则表示端口开放。

Nmap 的使用方式为：nmap [<扫描类型> ...] [<选项>] { <扫描目标说明> }，其具体使用方法如表 5-2 所示。

表 5-2

扫 描 类 型	说　　明	用　　法
-sS/sT/sA/sW/sM	使用 TCP SYN/Connect() /ACK /Window /Maimon scans 的方式对目标主机进行扫描	如 nmap -sS targethost
-sU	使用 UDP 包进行扫描	Nmap -sU <targetIP>
-sN/sF/sX	指定使用 TCP Null, FIN, and Xmas scans 秘密扫描方式协助探测对方的 TCP 端口状态	如 Nmap -sF <targetIP>
-p <端口范围>	扫描指定的端口	Nmap -p1-100 <targetIP>
-sV	指定让 Nmap 进行版本侦测	nmap -sV <targetIP>
-O	对 TCP/IP 指纹特征（fingerprinting）的扫描，获得远程主机的标志	nmap -O <targetIP>
-P0	在扫描之前，不进行 ping 主机扫描	nmap -P0 <targetIP>
-PT	扫描之前，使用 TCP ping 确定哪些主机正在运行	nmap -PT <targetIP>
-PS	对于 root 用户，这个选项让 nmap 使用 SYN 包而不是 ACK 包来对目标主机进行扫描	nmap -PS <targetIP>
-PI	设置这个选项，让 nmap 使用真正的 ping（ICMP echo 请求）扫描目标主机是否正在运行	nmap -PI <targetIP>
-PB	这是默认的 ping 扫描选项。它使用 ACK(-PT)和 ICMP(-PI)两种扫描类型并行扫描	nmap -PB <targetIP>
-I	反向标志扫描功能	nmap -I <targetIP>
-f	这个选项使 nmap 使用碎片 IP 数据包发送 SYN、FIN、XMAS、NULL	nmap -f <targetIP>
-v	冗余模式。强烈推荐使用这个选项，它会给出扫描过程中的详细信息	nmap -v <targetIP>
-h	快速参考选项	nmap -h
-oN	把扫描结果重定向到一个可读的文件 logfilename 中	nmap -ON <targetIP>
-oM	把扫描结果重定向到 logfilename 文件中，这个文件使用主机可以解析的语法	nmap -oM <targetIP>
-iL	从 inputfilename 文件中读取扫描的目标	nmap -iL <targetIP>
-iR	让 nmap 自己随机挑选主机进行扫描	nmap -iR <targetIP>
-F	快速扫描模式，只扫描在 nmap-services 文件中列出的端口	nmap -F <targetIP>
-D	使用诱饵扫描方法对目标网络/主机进行扫描	nmap -D <targetIP>
-T	指定扫描过程使用的时序（Timing），总共有 6 个级别（0～5），级别越高，扫描速度越快，但它也容易被防火墙或 IDS 检测并屏蔽掉，在网络通讯状况良好的情况推荐使用 T4	nmap -T4 <targetIP>

任务 2　使用杀毒软件查杀病毒

【任务目标】

教学
操作
视频

1．理解计算机病毒的基本原理。

2．掌握典型计算机病毒的特征和查杀方法。

【任务场景】

学院实训中心的电脑内存经常过载，并伴有电脑死机现象。信息中心李老师认为可能是电脑设备中了计算机病毒，并安排小张同学协助机房管理员解决问题。

【任务环境】

实训中心网络环境如图 5-14 所示，IP 地址规划表如表 5-3 所示。小张同学首先关闭网络，并安装 360 病毒软件查杀病毒。

表 5-3

终 端 设 备	IP 地 址	默 认 网 关	MAC 地 址
PC1	192.168.1.1/24	192.168.1.254	54-89-98-9F-31-A7
PC2	192.168.1.2/24	192.168.1.254	54-89-98-57-4A-41
PC3	192.168.1.3/24	192.168.1.254	54-89-98-72-4E-D5
PC4	192.168.1.4/24	192.168.1.254	54-89-98-59-5E-07

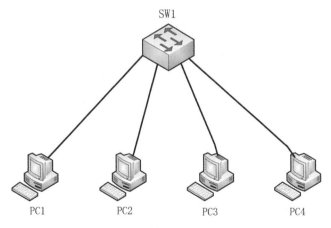

图 5-14

【任务实施】

1. 搭建网络环境

（1）启动虚拟机，安装 Win10 系统，并按照 IP 规划表设置 IP 地址，保证主机间的相互通信。

（2）将虚拟机设置为断网状态，不和其他任何设备通信，如图 5-15 所示。

图 5-15

2. 使用 360 杀毒软件查杀病毒

（1）在主机 PC1 解压运行第一个病毒"彩虹猫病毒"，主机出现蓝屏，如图 5-16 所示，重启主机后无法进入 Win 10 系统，屏幕出现一只跳动的彩虹猫，如图 5-17 所示。

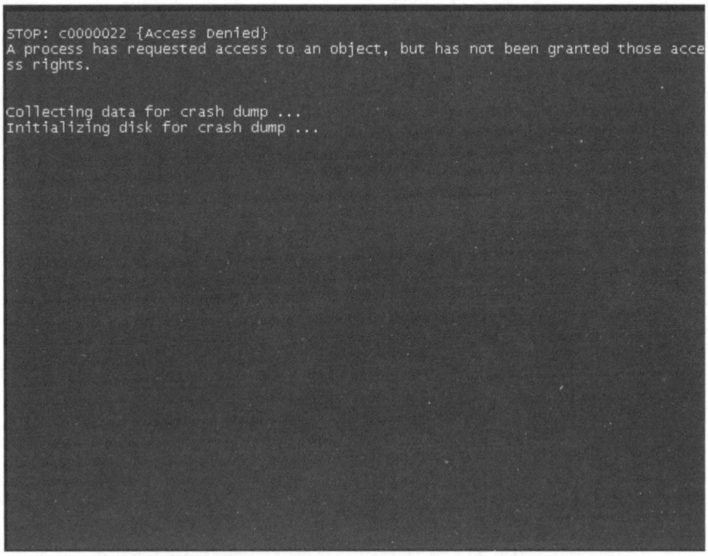

```
STOP: c0000022 {Access Denied}
A process has requested access to an object, but has not been granted those acce
ss rights.

Collecting data for crash dump ...
Initializing disk for crash dump ...
```

图 5-16

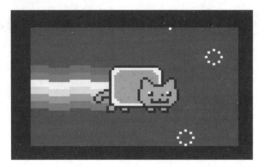

图 5-17

（2）在主机 PC2 解压运行"Windows XP Horror 病毒"，将该病毒伪装成 Windows XP 系统升级的状态，运行后会发送很多恶意图片，重启也无法去除，如图 5-18 所示。

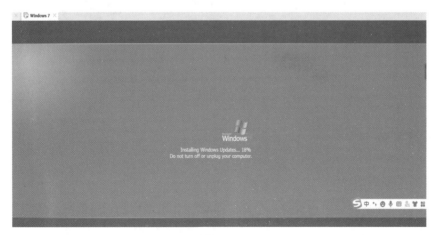

图 5-18

（3）在主机 PC3 解压运行"滑稽病毒"，病毒启动后将会修改电脑桌面，如图 5-19 所示。

图 5-19

（4）安装 360 病毒库，安装完成后使用全盘扫描，看是否可以发现电脑中的压缩文件病毒，结果如图 5-20 所示。

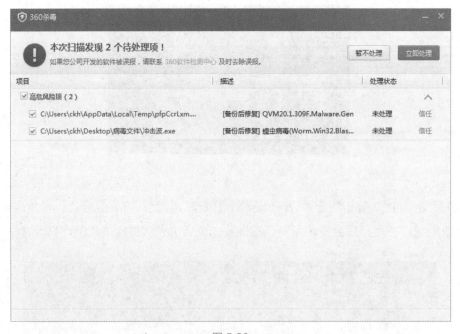

图 5-20

【相关知识】

1. 计算机病毒的概念

一般来说，凡是能够引起计算机故障、破坏计算机数据的程序或指令集合统称计算机病毒（Computer Virus）。

1994 年 2 月 18 日，我国正式颁布实施了《中华人民共和国计算机信息系统安全保护条例》，在第二十八条中明确指出：计算机病毒，是指编制或者在计算机程序中插入的破坏计算机功能或者破坏数据，影响计算机使用并且能够自我复制的一组计算机指令或者程序代码。

2. 计算机病毒的特征

计算机病毒是人为编制的一组程序或指令集合。这段程序代码一旦进入计算机并得以执行，就会对计算机的某些资源进行破坏，并搜寻其他符合条件的程序或存储介质，达到自我繁殖的目的。计算机病毒具有以下特征。

1）传染性

传染性是计算机病毒最重要的特性之一。计算机病毒的传染性是指病毒具有把自身复制到其他程序中的特性，病毒会通过各种渠道从已被感染的计算机扩散到未被感染的计算机。只要一台计算机感染病毒，与其他计算机通过存储介质或网络进行数据交换时，病毒就会继续进行传播。传染性是判断一段程序代码是否为计算机病毒的根本依据。

2）破坏性

任何计算机病毒只要侵入系统，就会对系统及应用程序产生不同程度的影响，轻则会降低计算机工作效率，占用系统资源（如占用内存空间、占用磁盘存储空间等），有的计算机病毒只显示一些画面、音乐或无聊的语句，或者根本没有任何破坏性的动作。有的计算机病毒可使系统不能正常使用，破坏数据，泄露个人信息，导致系统崩溃等。有的计算机病毒对数据造成不可挽回的破坏，有的不仅破坏硬盘的引导区和分区表，还破坏计算机系统 flash BIOS 芯片中的系统程序。

3）潜伏性及可触发性

大部分病毒感染系统之后不会马上发作，而是悄悄地隐藏起来，然后在用户没有察觉的情况下进行传染。病毒的潜伏性越好，在系统中存在的时间也就越长，病毒传染的范围越广，其危害性也越大。

计算机病毒的可触发性是指满足其触发条件或激活病毒的传染机制，使之进行传染，或者激活病毒的表现部分或破坏部分。

计算机病毒的可触发性与潜伏性是联系在一起的，潜伏下来的病毒只有具备可触发性，其破坏性才成立，也才能真正成为"病毒"。如果一个病毒永远不会运行，对网络安全就构不成威胁。计算机病毒触发的实质是一种条件的控制，病毒程序可以依据设计者的要求，在一定条件下实施攻击。

4）非授权性

一般正常的程序由用户调用，再由系统分配资源，完成用户交给的任务，其目的对用户是可见的、透明的。而病毒具有正常程序的一切特性，并且隐藏在正常程序中，当用户调用正常程序时窃取到系统的控制权，先于正常程序执行。病毒的动作、目的对用户来说是未知的，是未经用户允许的，即具有未授权性。

5）隐蔽性

计算机病毒具有隐蔽性，能够不被用户发现及躲避反病毒软件的检验。因此，系统感染病毒后，在一般情况下，用户感觉不到病毒的存在，只有在其发作，系统出现不正常的反应时才知道病毒的存在。

6）不可预见性

从对病毒的检测来看，病毒还有不可预见性。不同种类的病毒，其代码千差万别，但有些操作是共有的（如驻内存、改中断）。有些人利用病毒的这种共性，制作了可查杀所有病毒的程序。这种程序的确可以查出一些新病毒，但是由于目前的软件种类极其丰富，并且某些正常程序也使用了类似病毒的操作，甚至借鉴了某些病毒的技术，所以使用这种方法对病毒进行检测势必造成较多的误报情况。病毒对反病毒软件来说永远是超前的。

3. 计算机病毒的发展历程

在病毒的发展史上，病毒的出现是有规律的。在一般情况下，一种新的病毒技术出现后迅速发展，接着反病毒技术的发展会抑制其流传。操作系统进行升级时，病毒也会调整为新的方式，产生新的病毒技术。计算机病毒的发展过程可划分为以下几个阶段。

1）DOS 引导阶段

1987 年，计算机病毒主要是引导型病毒。当时的计算机硬件较少、功能简单，一般需要通过软盘启动后使用。引导型病毒利用软盘的启动原理工作，修改系统启动扇区，在计算机启动时首先要取得控制权，减少系统内存，修改磁盘读写中断，影响系统工作效率，在系统存取磁盘时进行传播。引导型病毒的典型代表是"小球"和"石头"病毒。

2）DOS 可执行阶段

1989 年，可执行文件型病毒出现。利用 DOS 系统加载执行文件的机制工作，病毒代码在系统执行文件时取得控制权，修改 DOS 中断，在系统调用时进行传染，并将自身附加在可执行文件中，使文件长度增加。1990 年，可执行文件型发展为复合型病毒，可感染 COM 和 EXE 文件。可执行文件型病毒的典型代表为"耶路撒冷"病毒。

3）伴随阶段

1992 年，伴随型病毒出现。利用 DOS 系统加载文件的优先顺序进行工作。感染 EXE 文件时生成一个和 EXE 同名的扩展名为 ".com" 的伴随体；感染 COM 文件时，将原来的 COM 文件改为同名的 EXE 文件，再产生一个原名的伴随体，其文件扩展名为 ".com"。这样，在 DOS 加载文件时，病毒就取得控制权。这类病毒的特点是不改变原来的文件内容、日期及属性，解除病毒时只要将其伴随体删除即可。伴随型病毒的典型代表是海盗旗病毒。

4）多型阶段

1994 年，随着汇编语言的发展，实现同一功能可以用不同的方式完成。这些方式的组合使得一段看似随机的代码产生相同的运算结果。多型病毒是一种综合性病毒，既能感染引导区又能感染程序区，多数病毒能够解码算法，一种病毒往往要两段以上的子程序才能解除。多型病毒的典型代表是 "幽灵" 病毒，每感染一次就产生不同的代码。

5）生成器、变体机阶段

1995 年，在汇编语言中，一些数据的运算放在不同的通用寄存器中，可以运算出同样的结果。随机插入一些空操作和无关指令也不影响运算的结果。这样，一段解码算法就可以由生成器生成。当生成的是病毒时，病毒生成器和变体机就产生了，其典型代表是病毒制造机（Virus Creation Laboratory，VCL），病毒制造机可以在瞬间制造出成千上万种病毒。

6）网络、蠕虫病毒阶段

1995 年，随着网络的普及，病毒开始通过网络进行传播，是上几代病毒的改进。在 Windows 操作系统中，蠕虫病毒是典型的代表，不占用内存以外的任何资源，不修改磁盘文件，利用网络功能搜索网络地址，将自身向下一个地址进行传播，有时也在网络服务器和启动文件中存在。网络带宽的增加为蠕虫病毒的传播提供了条件。目前，网络中蠕虫病毒占非常大的比重，而且有越来越盛的趋势，其典型代表是 "尼姆达" 和 "冲击波" 病毒。

7）视窗阶段

1996 年，随着 Windows 95 的日益普及，利用 Windows 进行工作的病毒开始发展，修改 NE、PE 文件。这类病毒的机制更为复杂，利用保护模式和 API（Application Programming Interface，应用程序编程接口）调用接口工作，其解除方法也比较复杂，典型视窗病毒的代表是 DS.3873。

8）宏病毒阶段

1996 年，随着 Windows Word 功能的增强，使用 Word 宏语言也可以编制病毒。这种病毒使用类 Basic 语言编写，容易感染 Word 文档文件。在 Excel 和 AmiPro 出现的相同工作机制的病毒也归为此类。由于当时 Word 文档格式没有公开，这类病毒查杀比较困难，其典型代表是"台湾一号"宏病毒。

9）邮件病毒阶段

1999 年，随着 E-mail 的使用越来越多，一些病毒通过电子邮件传播，如果不小心打开这些邮件，计算机就会中毒，还有一些利用邮件服务器进行传播和破坏的病毒，其典型代表是 Mellisa、happy99 病毒。

10）手持移动设备病毒阶段

2000 年，随着手持终端处理能力的增强，病毒也随之攻击手机等手持移动设备。2000 年 6 月，世界上第一个手机病毒"VBS.Timofonica"在西班牙出现。这个病毒通过运营商 Telefonica 的移动系统向该系统内的任意用户发送骂人的短消息。

4. 计算机病毒的防治

众所周知，对于一个计算机系统，要知道其有无感染病毒，首先要进行检测，然后才是防治。具体的检测方法有两种：自动检测和人工检测。

自动检测是由成熟的检测软件（杀毒软件）自动工作的，无须人工干扰，但是由于现在新病毒出现快、变种多，有时候没及时更新病毒库，所以，需要自己能够根据计算机出现的异常情况进行检测，即人工检测的方法。感染病毒的计算机系统内部会发生某些变化，并在一定的条件下表现出来，因而可以通过直接观察判断系统是否感染病毒。计算机病毒引起的异常现象有如下几点。

- 运行速度缓慢，CPU 使用率异常高。

- 查找可疑进程。

- 蓝屏。

- 浏览器出现异常。

- 应用程序图标被篡改或空白。

计算机病毒防治主要包括以下 4 种方法。

1）特征代码法

特征代码法是现在大多数反病毒软件的静态扫描所采用的方法，是检测已知病毒最简单、开销最小的方法之一。当防毒软件公司收集到一种新的病毒时，就会从这个病毒程序中截取一小段独一无二而且足以表示这种病毒的二进制代码，作为扫描程序辨认此病毒的依据，而这段独一无二的二进制代码，就是所谓的病毒特征码。

2）校验和法

病毒在感染程序时，大多都会使被感染的程序增加或日期改变，校验和法就是根据病毒的这种行为来进行判断的。首先把硬盘中的某些文件（如计算磁盘中的实际文件或系统扇区的 CRC 检验和）的资料汇总并记录下来。在以后的检测过程中重复此项动作，并与前次记录进行比较，借此来判断这些文件是否被病毒感染。

3）行为监测法

病毒感染文件时，常常有一些不同于正常程序的行为。利用病毒的特有行为和特性检测病毒的方法称为行为监测法。通过对病毒的观察、研究，发现有一些行为是病毒的共同行为，而且比较特殊。在正常程序中，这些行为比较罕见，当程序运行时，监视其行为，如果发现了病毒行为，立即报警。行为监测法就是引入一些人工智能技术，通过分析检查对象的逻辑结构，将其分为多个模块，分别引入虚拟机中执行并监测，从而查出使用特定触发条件的病毒。

4）虚拟机技术

多态性病毒每次感染病毒代码都发生变化。对于这种病毒，特征代码法失效。因为多态性病毒代码实施密码化，而且每次所用的密钥不同，把染病的病毒代码进行比较，也无法找出相同的可能作为特征的稳定代码。虽然行为监测法可以检测多态性病毒，但是由于不知病毒的种类，所以难以进行杀毒处理。

为了检测多态性病毒和一些未知的病毒，可应用新的检测方法——虚拟机技术（软件模拟法）。虚拟机技术即在计算机中创造一个虚拟系统。虚拟系统通过生成现有操作系统的全新虚拟镜像，使其具有与真实系统完全一样的功能。进入虚拟系统后，所有操作都是在这个全新的独立的虚拟系统中进行的，可以独立安装运行软件，保存数据，不会对真正的系统产生任何影响。将病毒在虚拟环境中激活，观察病毒的执行过程，根据其行为特征，从而判断其是否为病毒。这个技术主要对加壳和加密的病毒非常有效，因此这两类病毒在执行时最终还是要自身脱壳和解密的，这样，杀毒软件就可以在其"现出原形"之后通过特征码杀毒法对其进行查杀。

虚拟机技术是一种软件分析器，用软件方法模拟和分析程序的运行。虚拟机技术一般结合特征代码法和行为监测法一起使用。

总体来说，特征代码法查杀已知病毒比较安全彻底，实现起来简单，常用于静态扫描模块中。其他几种方法适用于查杀未知病毒和变形病毒，但误报率高，实现难度大，在常驻内存的动态监测模块中发挥重要作用。综合利用上述几种技术，互补不足，不断发展改进，才是杀毒软件的必然趋势。

任务 3　使用加密技术构建数据安全

【任务目标】

教学
操作
视频

1. 使用 PGP 软件构建加密系统。
2. 掌握对称与非对称加密方法的应用。

【任务场景】

学院保密室需要构建一个加密系统，对网络传输的文件进行加密。信息中心主任安排张工带领小张同学完成这个任务。经过需求分析，张工决定使用 PGP 软件构造加密系统，完成文件的加密传输。

【任务环境】

学院保密室的网络环境如图 5-21 所示，IP 地址规划表如表 5-4 所示。

表 5-4

终 端 设 备	IP 地 址	默 认 网 关	MAC 地 址
PC1	192.168.50.1/24	192.168.1.254	54-89-98-9F-31-A9
PC2	192.168.50.2/24	192.168.1.254	54-89-98-57-4A-42
PC3	192.168.50.3/24	192.168.1.254	54-89-98-72-4E-D7
PC4	192.168.50.4/24	192.168.1.254	54-89-98-59-5E-09

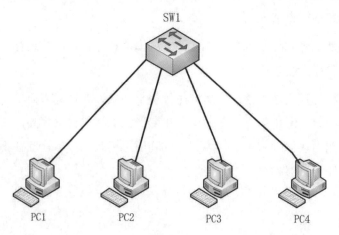

图 5-21

【任务实施】

1. PGP 的安装

（1）双击软件，选择英语语言，然后单击"OK"按钮，进入 License Agreement 界面，选择"I accept the license agreement"单选按钮，如图 5-22 所示。

图 5-22

（2）选择"Do not display the Release Notes"单选按钮，如图 5-23 所示，然后单击"Next"按钮。安装过程中电脑会重新启动。

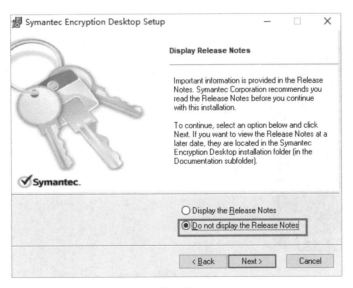

图 5-23

（3）电脑重新启动之后，持续单击"Next"按钮直到出现"Licensing Assistant: Enter License"界面，选择"Use without a license and disable most functionality"单选按钮，然后单击"下一步"按钮，如图 5-24 所示。

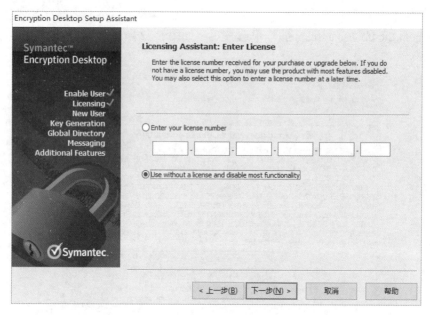

图 5-24

（4）持续单击"下一步"按钮，直到出现"User Type"界面，选择"I am a new user"单选按钮，然后单击"下一步"按钮，如图 5-25 所示。

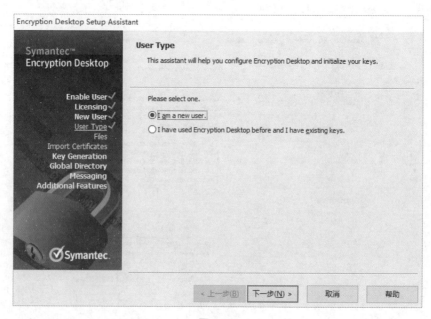

图 5-25

（5）持续单击"下一步"按钮，直到出现"Name and Email Assignment"界面，输入密钥 test_1，如图 5-26 所示。

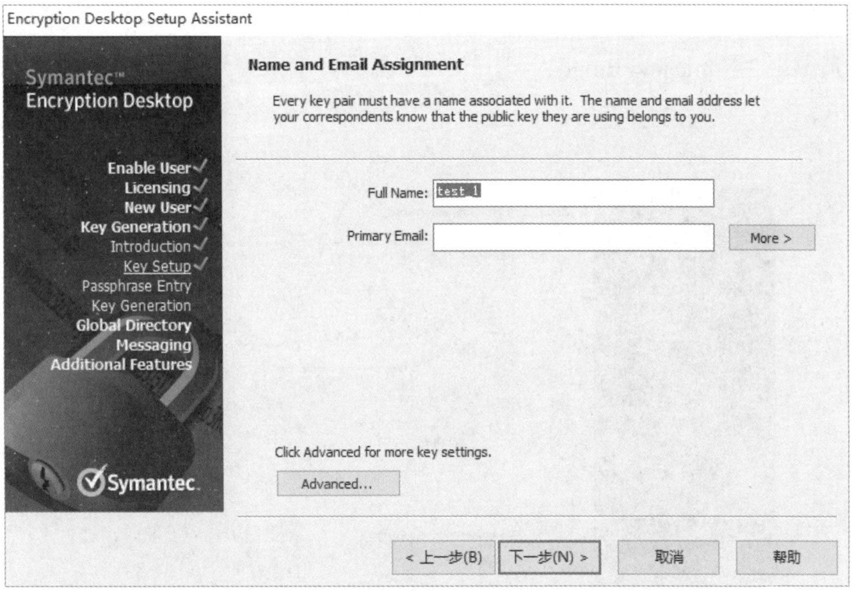

图 5-26

（6）设置加密密钥后，如图 5-27 所示，持续单击"下一步"按钮直到安装完成。

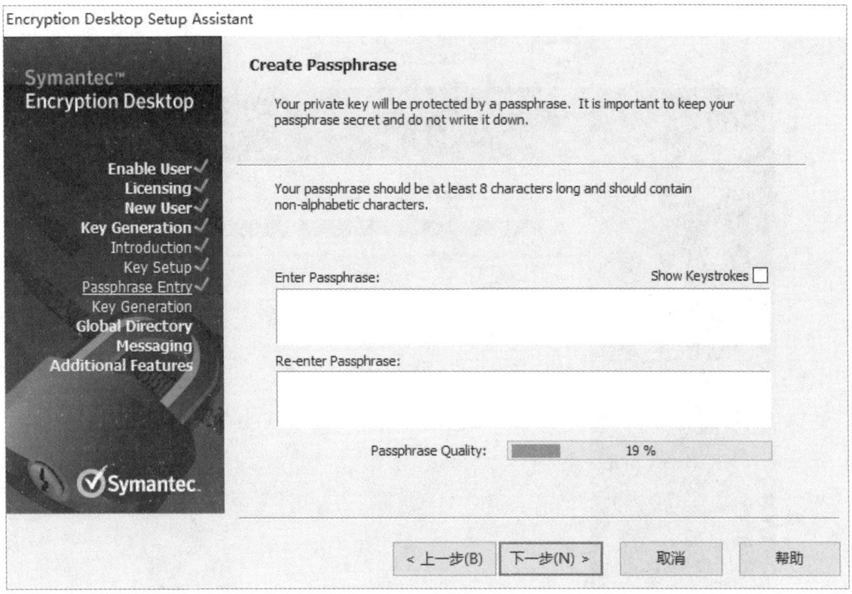

注：本密码为私钥。

图 5-27

2. PGP 的使用

1）使用 PGP 软件创建公钥

（1）启用 PGP 软件，在软件面板上单击"file"→"new key"命令，持续单击"Next"按钮，直到出现"Name and Email Assignment"界面，输入密钥 test_2，完成密钥创建，如图 5-28 所示。

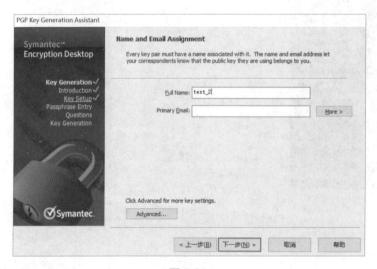

图 5-28

（2）创建密钥 test_1 和 test_2，如图 5-29 所示。

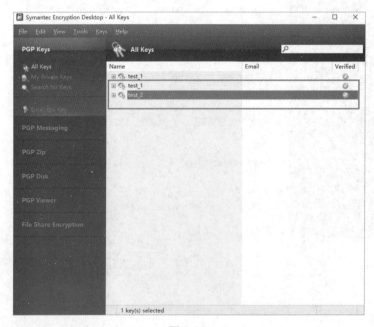

图 5-29

（3）选择密钥，右击"Export"导出密钥 test_1 和 test_2，如图 5-30 所示。导出的密钥如图 5-31 所示。

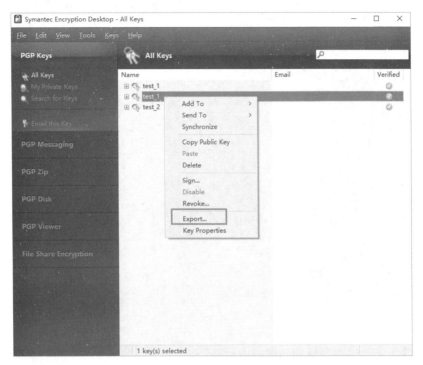

图 5-30

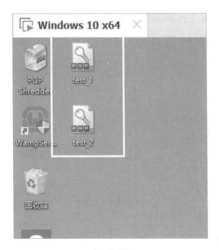

图 5-31

（4）假设 test_2 是接收方发过来的公钥，此时要给对方发送信息，则可以使用对方的公钥进行加密再发送，若其他人截获到信息，因没有私钥，也无法获取信息内容，如图 5-32所示，先导入密钥 test_2。

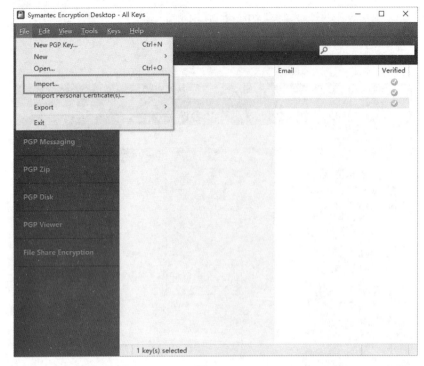

图 5-32

（5）将需要加密的内容复制到记事本软件，然后右击电脑桌面右下角的 PGP 软件图标，在弹出的下拉菜单中选择"Clipboard"选项，再选择"Encrypt"选项进行加密，如图 5-33 所示。此时如果出现"Symantec Error"提示，则表示没有复制到内容；如果出现"Key Selection Dialog"提示，则表示可进行加密设置，此时可以用公钥 test_2 进行加密，如图 5-34 所示。

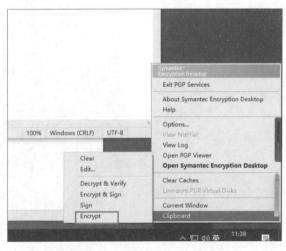

图 5-33

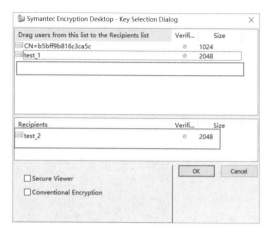

图 5-34

（6）加密完成之后的内容如图 5-35 所示。

```
-----BEGIN PGP MESSAGE-----
Version: Encryption Desktop 10.4.2 (Build 1298) - not licensed for commercial use: www.pgp.com
Charset: utf-8

qANQR1DBwEwDMdPp4J53H6MBB/0e8ngoJx8H7VjXs/WlmWxErv7Em0tZXl83/L8T
XJeGHInVnmmevxYWVsQIv7mGGJEAIZukAOARQFlYZ2gIGA1qhL8PjYgI/I3CPBXT
yS68ihzrS2nkpV9t17CHHDkHQfbS+mp0/T1mAmPz3oe3GQdHkVAEvUNVi2A6OCx9
76ty91dkof/W34JJWoeKNsGHY/9nxiQ9NhBlyFJa9a5QLtk7OrqERcQUy4NQJg48
8NRMvmBiOrVZouRdzyn0/liUObGixeSSV+YlG8zLbMiOUmF0wMayUIDu7W4ISDq
DUGxaFE7fe2dpN8TAfwC6fHcRQpLDHPNm9h9LzkOesKDvT1q0moBiM8bOBewZENG
ZXRL2t7S4BQxvpJMC6ElgbdUWo1gb901P8wtrrYsmkBUTCD26VHv36VljXAEHa7E
WCBT7uDo96P1dOSR5OQYos39ucvoYVdC/ODrVJedMsg6lz7ZGrUg+xbdpq3Zdrnl
=6Qh3
-----END PGP MESSAGE-----
```

图 5-35

（7）文件使用私钥进行解密。右击 PGP 软件图标，在弹出的快捷菜单中依次选择
"Clipboard"→"Dencrypt&Verify"选项进行解密，解密内容在"Text Viewer"上显示出来，
如图 5-36 所示。

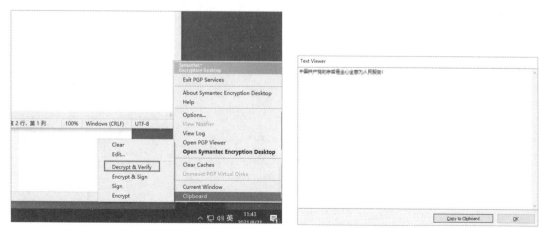

图 5-36

（8）也可以针对文件进行加密。选中文件右击，在弹出的快捷菜单中依次选择"Symantec Encryption Desktop"→"Secure'宣传标语.txt'with key..."选项，如图 5-37 所示，单击进入"Add User Keys"对话框，如图 5-38 所示。

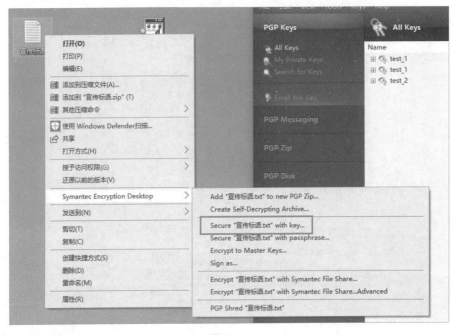

图 5-37

（9）选择对方公钥 test_2 进行加密，如图 5-38 所示，加密后出现后缀为.txt 的文件。

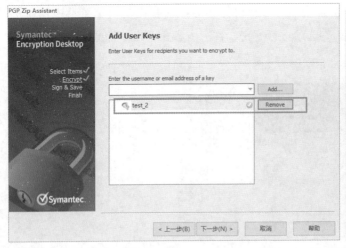

图 5-38

【相关知识】

1. 密码学

密码学的基本思想是伪装信息，使未授权的人无法理解其含义。所谓伪装就是将计算机的信息进行一组可逆的数字变换的过程。

1）密码学相关概念

（1）加密（Encryption）。加密是将计算机中的信息进行一组可逆的数字变换的过程。用于加密的一组数字变换称为加密算法。

（2）明文（Plaittext）。信息的原始形式，即加密前的原始信息。

（3）密文（Ciphertext）。明文经过加密后就变成了密文。

（4）解密（Decryption）。授权的接收者接收到密文之后，将其与加密互逆进行变换，去掉密文的伪装，恢复明文的过程，就称为解密。用于解密的一组数字变换称为解密算法。

加密和解密是两个相反的数学变换过程，都是用一定的算法实现的。为了有效地控制这种数学交换，需要一组参与变换的参数。在变换过程中，这种通信双方掌握的专门的信息就称为密钥。加密过程是在加密密钥的参与下进行的；同样，解密过程是在解密密钥的参与下完成的。

2）密码学发展的三个阶段

（1）古典密码学阶段。通常把从古代到 1949 年这一时期称为古典密码学阶段。这一阶段可以看成科学密码的前夜时期，那时的密码技术还不是一门科学，只是一种艺术，密码学专家常常凭直觉和信念进行密码设计和分析，而不是推理和证明。

在这个阶段出现了一些密码算法和加密设备，主要是针对字符进行加密的，简单的密码分析手段在这一阶段也出现了。在古典密码学阶段，加密数据的安全性取决于算法的保密，如果算法被人知道了，密文也就很容易被人破解，如凯撒密码、换位密码技术。

（2）现代密码学阶段。从 1949 年到 1975 年这一时期称为现代密码学阶段。1949 年 Shannon 发表的 *The Communication Theory of Secret Systems*《保密系统的信息理论》为近代密码学建立了理论基础，从此密码学成为一门科学。1949 年到 1967 年，密码学是军队专有的领域，个人既无专业知识又无足够的财力去投入研究，因此这段时间在密码学方面的文献近乎空白。

1967 年 Kahn 出版了一本专著 *Codebreakers*《破译者》，对以往的密码学历史进行相当完整的记述，使成千上万的人了解密码学。此后，密码学文章开始大量涌现。大约在同一时期，早期为空军研究敌我识别装置的 Horst Ferstel 在位于纽约约克镇高地的 IBM Waston

199

实验室里花费了毕生的精力研究密码学。在那里，他着手研究美国数据加密标准（Data Encryption Standard,DES），到 20 世纪 70 年代初期，IBM 发表了 Horst Feistel 及其同事在这个课题方面的几篇技术报告。在这个阶段，加密数据的安全性取决于密钥而不是算法的保密，这是现代密码学和古典密码学的重要区别。

（3）公钥密码学阶段。第三阶段从 1976 年至今。1976 年，Diffie 和 Hellman 在他们发表的论文 *New Direction in Cryptography*《密码学的新动向》中，首先证明了在发送端和接收端无密钥传输的保密通信是可能的，第一次提出了公开密钥密码学的概念，从而开创了公钥密码学的新纪元。1977 年，Rivest、Shamir 和 Adleman 3 位教授提出了 RSA 公钥算法。到了 20 世纪 90 年代，逐步出现椭圆曲线等其他公钥算法。相对于 DES 等对称加密算法，这一阶段提出的公钥加密算法无须在发送端和接收端之间传输密钥，从而进一步提高了加密数据的安全性。

3）密码学与信息安全的关系

数据加密技术正是保证信息安全基本要素的一个非常重要的手段。可以说没有密码学就没有信息安全，所以密码学是信息安全的一个核心。这里简单说明密码学是如何保证信息安全的基本要素的。

（1）信息的保密性：提供只允许特定用户访问和阅读信息，任何非授权用户无法访问和阅读信息。这是通过密码学中的数据加密来实现的。

（2）信息的完整性：提供确保数据在存储和传输过程中不被未授权修改（篡改、删除、插入和伪造等）的服务。这可以通过密码学中的数据加密、单向散列函数来实现。

（3）信息的源发鉴别：提供与数据和身份识别有关的服务。这可以通过密码学中的数字签名来实现。

（4）信息的抗抵赖性：提供阻止用户否认已发送的言论或行为的服务，可以通过密码学中数字签名和时间戳来实现，或者借助可信的注册机构或证书机构的辅助提供这种服务。

2．古典加密技术

古典密码学主要是采用对明文字符的替换和换位两种技术来实现的。这些加密技术的算法比较简单，其保密性主要取决于算法的保密性。

1）替换密码技术

在替换密码技术中，用一组密文字母代替明文字母，以达到隐藏明文的目的。十分典型的替换密码技术是公元前罗马皇帝朱利叶·凯撒发明的一种用于战时秘密通信的方法——"凯撒密码"。这种密码技术将字母按字母表的顺序排列，并将最后一个字母和第一个字母相连起来构成一个字母序列，明文中的每个字母用该序列中在其后面的第 3 个字母来代替，构成密文。也就是说，密文字母相对明文字母循环右移了 3 位，所以这种密码也称"循环移位密码"。

2）换位密码技术

与替换密码技术相比，换位密码技术并没有替换明文中的字母，而是通过改变明文字母的排列顺序来达到加密的目的。最常用的换位密码之一是列换位密码。

3. 公开密钥算法及其应用

据不完全统计，截至目前，已经公开发表的各种加密算法多达数百种。如果按照收发双方密钥是否相同来分类，可以将这些加密算法分为对称密码体制和公钥密码体制，下面分别介绍这两种技术。

1）对称密码体制

（1）对称密码体制是一种传统的密码体制，也称私钥密码体制。在对称加密系统中，加密和解密采用相同的密钥。因为加密和解密的密钥相同，需要通信双方必须选择和保存他们共同的密钥，各方必须信任对方不会将密钥泄密，才可以实现数据的机密性和完整性。对称密码体制的加密和解密原理如图 5-39 所示。

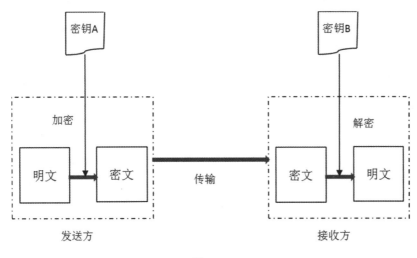

图 5-39

（2）DES（Data Encryption Standard，数据加密标准）算法及其变形 Triple DES（三重 DES）、GDES（广义 DES）、欧洲的 IDEA 和日本的 FEALN、RC5 等是目前常见的几种对称加密算法。DES 标准由美国国家标准局提出，主要应用于银行业的电子资金转账（Electronic Funels Transfer，EFT）领域，其密钥长度为 56 b；Triple DES 使用两个独立的 56 b 密钥对所要交换的信息进行 3 次加密，从而使其有效长度达到 112 b；RC2 和 RC4 方法是 RSA 数据安全公司的对称加密专利算法，它们采用可变的密钥长度，通过规定不同的密钥长度，提高或降低安全的程度。

（3）对称密码算法的优点是系统开销小，算法简单，加密速度快，适合加密大量数据，是目前用于信息加密的主要算法。虽然对称密码术有一些很好的特性，但它也存在明显的缺陷，例如，进行安全通信前需要以安全的方式进行密钥交换。这一步骤在某种情况下是可行的，但在某些情况下会非常困难，甚至无法实现。例如，某一贸易方有数个贸易关系，就要维护数个专用密钥，也没法鉴别贸易发起方或贸易最终方，因为贸易双方的密钥相同。另外，由于对称加密系统仅能用于对数据进行加密和解密处理，仅提供数据的机密性，不能用于数字签名。因而人们迫切需要寻找新的密码体制。

2）公钥密码体制

公钥密码体制的发现是密码学发展史上的一次革命。从古老的手工密码到机电式密码直至运用计算机的现代对称密码，虽然对称密码系统越来越复杂，但都建立在基本的替代和置换工具的基础上，而公钥密码体制的编码系统基于数学中的单向陷门函数。更重要的是，公钥密码体制采用了两个不同的密钥，这对在公开的网络上进行保密通信、密钥分配、数字签名和认证有着深远的影响。公钥密码体制的加密和解密原理如图 5-40 所示。

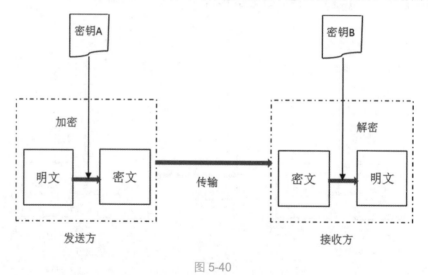

图 5-40

（1）RSA、ElGamal、背包算法、Rabin（Rabin 加密法是 RSA 方法的特例）、Diffie-Hellman（D-H）密钥交换协议中的公钥加密算法、Elliptic Curve Cryptography（ECC，椭圆曲线加密算法）是目前常见的几种公钥加密算法，其中 RSA 是当前最著名、应用最广泛的公钥加密算法之一。它是由美国麻省理工学院的 Rivest、Shamir 和 Adleman 提出的一个基于数论的非对称分组密码体制。RSA 算法是第一个既能用于数据加密也能用于数字签名的算法，其安全性基于大整数因子分解的困难性，而大整数因子的分解问题是数学的著名难题，至今没有有效的方法予以解决，因此可以确保 RSA 算法的安全性。RSA 系统是公钥系统中最具有典型意义的方法之一，大多数使用公钥密码进行加密和数字签名的产品和标准使用的都是 RSA 算法。RSA 是被广泛研究的公钥算法，从提出到现在经历了各种攻击的考验，逐渐被人们接受，是目前公认的最优秀的公钥方案之一。

（2）公钥加密算法的加密和解密的密钥不同，即使加密密钥泄露也不会影响数据的安全性，因此公钥加密算法提供了更高的安全性。它的缺点主要是产生密钥很麻烦，运算代价高，加密和解密的速度较慢。

任务 4　使用防火墙构建校园网安全

【任务目标】

1. 掌握防火墙的工作原理。
2. 掌握包过滤防火墙的工作原理及应用。

【任务场景】

为了确保校园网安全，学校信息中心准备购买华为防火墙，限制部分网段或一个网段的部分主机不能访问外网。校园网信息中心主任安排小张同学在模拟环境下完成测试，为今后的防火墙上线运行奠定坚实的基础。

【任务环境】

小张选用两台电脑设备和一台华为防火墙（USG6000V）搭建网络环境，其中一台电脑为内网主机，另一台电脑为外网主机，内网设备的网络地址为 192.168.1.0/24，内网 IP 地址的主机位是 1、10、100、200 的不可以访问外网，其他 IP 地址均可以访问外网，IP 地址规划表如表 5-5 所示，网络拓扑如图 5-41 所示。

表 5-5

设　　备	接　　口	安 全 区 域	IP 地 址	子 网 掩 码
防火墙	GE1/0/1	Trust	192.168.1.254	255.255.255.0
	GE1/0/2	Untrust	172.16.1.254	255.255.255.0
PC1	E0/0/0	Trust	192.168.1.2	255.255.255.0
PC2	E0/0/0	Untrust	172.16.1.1	255.255.255.0

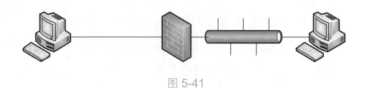

图 5-41

【任务实施】

1. 配置设备的 IP 地址

（1）根据 IP 地址规划表，设置 PC2 的 IP 地址信息，并单击"应用"按钮，如图 5-42 所示。

图 5-42

（2）按照步骤（1），配置 PC1 的 IP 地址。

（3）配置防火墙 IP，配置命令如下。

```
<USG6000V1>system-view
[USG6000V1]sysname FW1
[FW1]interface GigabitEthernet1/0/1
[FW1-GigabitEthernet1/0/1]ip address 192.168.1.254 24
[FW1-GigabitEthernet1/0/1]quit

[FW1]interface GigabitEthernet1/0/2
[FW1-GigabitEthernet1/0/2]ip address 172.16.1.254 24
[FW1-GigabitEthernet1/0/2]quit
```

注意：

初次登录防火墙时，需要输入登录账户 admin 和登录密码 Admin@123。登录防火墙后，系统提示修改登录密码，如果设置新密码为 Huawei@123，再次登录系统。

2. 防火墙规则配置

（1）在防火墙上创建"trust"和"untrust"区域，将防火墙的接口加入相应的区域，配置命令如下。

```
[FW1]firewall zone trust
[FW1-zone-trust]add interface GigabitEthernet 1/0/1
[FW1-zone-trust]quit

[FW1]firewall zone untrust
[FW1-zone-untrust]add interface GigabitEthernet 1/0/1
[FW1-zone-untrust]quit
```

（2）设置防火墙的规则，配置命令如下。

```
[FW1]security-policy
[FW1-policy-security]rule name ip_deny
[FW1-policy-security-rule-ip_deny]source-address 192.168.1.1 32
[FW1-policy-security-rule-ip_deny]source-address 192.168.1.10 32
[FW1-policy-security-rule-ip_deny]source-address 192.168.1.100 32
[FW1-policy-security-rule-ip_deny]source-address 192.168.1.200 32
[FW1-policy-security-rule-ip_deny]action deny
[FW1-policy-security-rule-ip_deny]quit

[FW1-policy-security]rule name pc1_pc2
[FW1-policy-security-rule-pc1_pc2]source-zone trust
[FW1-policy-security-rule-pc1_pc2]destination-zone untrust
[FW1-policy-security-rule-pc1_pc2]source-address 192.168.1.0 24
[FW1-policy-security-rule-pc1_pc2]action permit#
[FW1-policy-security-rule-pc1_pc2]quit
[FW1-policy-security]quit
```

3. 验证配置结果

（1）使用 ping 命令测试 PC1 和 PC2 之间的连通性，代码如下。

```
PC>ping 172.16.1.1

Ping 172.16.1.1: 32 data bytes, Press Ctrl_C to break
Request timeout!
From 172.16.1.1: bytes=32 seq=2 ttl=127 time=16 ms
From 172.16.1.1: bytes=32 seq=3 ttl=127 time<1 ms
```

```
From 172.16.1.1: bytes=32 seq=4 ttl=127 time=15 ms
From 172.16.1.1: bytes=32 seq=5 ttl=127 time=16 ms

--- 172.16.1.1 ping statistics ---
  5 packet(s) transmitted
  4 packet(s) received
  20.00% packet loss
  round-trip min/avg/max = 0/11/16 ms
```

（2）修改 PC1 的 IP 地址为 192.168.1.1/24，此时使用 ping 命令测试 PC1 和 PC2 之间的连通性，代码如下。

```
PC>ping 172.16.1.1

Ping 172.16.1.1: 32 data bytes, Press Ctrl_C to break
Request timeout!
Request timeout!
Request timeout!
Request timeout!
Request timeout!

--- 172.16.1.1 ping statistics ---
  5 packet(s) transmitted
  0 packet(s) received
  100.00% packet loss
```

问题：此时的 IP 地址 192.168.1.101/24 可以和 PC2 正常通信吗？IP 地址 192.168.1.100/24 呢？

4. 保存配置

```
[FW1]quit
<FW1>sav
<FW1>save
The current configuration will be written to hda1:/vrpcfg.cfg.
Are you sure to continue?[Y/N]Y
Now saving the current configuration to the slot 0.
Save the configuration successfully.
```

【相关知识】

1. 防火墙技术

古时候，人们常在寓所之间砌起一道砖墙，一旦发生火灾，它能够防止火势蔓延到别的寓所。在网络中，防火墙是指设置在不同网络（如可信任的企业内部网和不可信任的公共网）或网络安全域之间的一系列部件的组合，是建立在现代通信网络技术和信息安全技术基础上的应用安全技术。防火墙是目前网络安全领域认可度最高、应用范围最广的网络安全技术之一。

防火墙的目的是在内部、外部两个网络之间建立一个安全控制点，通过允许、拒绝或重新定向经过防火墙的数据流，实现对进、出内部网络的服务和访问的审计和控制。

1）防火墙的功能

在逻辑上，防火墙既是分离器，又是限制器，更是分析器。防火墙有效地监控了内部网和 Internet 之间的任何活动，保证了内部网络的安全。典型的防火墙包括 3 个基本功能。

（1）内部网络和外部网络之间的所有网络数据流都必须经过防火墙。防火墙安装在可信任网络（内部网络）和不可信任网络（外部网络）之间，通过防火墙可以隔离可信任网络与不可信任网络的连接，同时不会妨碍人们对不可信任网络的访问。内部网络和外部网络之间的所有网络数据流都必须经过防火墙，这是防火墙所处网络位置的特性，同时也是一个前提。因为只有当防火墙是内、外部网络之间通信的唯一通道，才可以全面、有效地保护企业内部网络不受侵害。典型的防火墙体系结构图如图 5-43 所示。

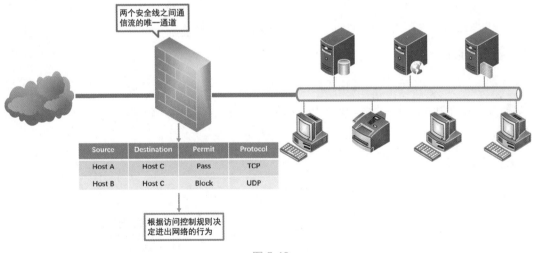

图 5-43

防火墙的目的就是在网络连接之间建立一个安全控制点，通过允许、拒绝或重新定向经过防火墙的数据流，实现对进、出内部网络的服务和访问的审计和控制。

（2）只有符合安全策略的数据流才能通过防火墙。防火墙最基本的功能之一是根据企业的安全政策控制（允许、拒绝、监测）出入网络的信息流，确保网络流量的合法性，并在此前提下将网络流量快速地从一条链路转发到另外的链路上。

（3）防火墙自身具有非常强的抗攻击能力，是担当企业内部网络安全防护重任的先决条件。防火墙处于网络边缘，就像一个边界卫士一样，每时每刻都要面对黑客的入侵，这样就要求防火墙自身要具有非常强的抗击入侵能力。

简单而言，防火墙是位于一个或多个安全的内部网络和外部网络之间进行网络访问控制的网络设备。防火墙的目的是防止不期望的或未授权的用户和主机访问内部网络，确保内部网络正常、安全地运行。通俗来说，防火墙决定了哪些内部服务可以被外部网络访问，以及哪些外部服务可以被内部人员访问。防火墙必须只允许授权的数据通过，而且防火墙本身也必须能够免于渗透。

2）防火墙分类

目前，市场上的防火墙产品非常多，划分的标准也很多，从不同的角度分类如下。

（1）按性能分类：百兆防火墙、千兆防火墙和万兆防火墙。

（2）按形式分类：软件防火墙和硬件防火墙。

（3）按被保护对象分类：单击防护墙和网络防火墙。

（4）按体系结构分类：双宿主主机、被屏蔽主机、被屏蔽子网体系结构。

（5）按技术分类：包过滤防火墙、代理型防火墙、状态监测防火墙、复合型防火墙和下一代防火墙。

（6）按 CPU 架构分类：通用 CPU 防火墙、NP（Network Processor，网络处理器）防火墙、ASIC（Application Specific Integrated Circuit，专用集成电路）防火墙和多核架构的防火墙。

3）防火墙的发展历史

防火墙的发展大致可分为 5 个阶段，如图 5-44 所示。

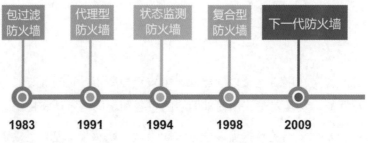

图 5-44

（1）包过滤防护墙。第一代防火墙技术几乎与路由器同时出现，采用了包过滤（Packet Filter）技术。由于多数路由器中本身就包含分组过滤的功能，所以网络访问控制可通过路由控制来实现，从而使具有分组过滤功能的路由器成为第一代防火墙产品。

（2）代理型防火墙。第二代防火墙工作在应用层，能够根据具体的应用对数据进行过滤或转发，也就是人们常说的代理服务器、应用网关。这样的防火墙彻底隔断内部网络与外部网络的直接通信。内部网络用户对外部网络的访问变成防火墙对外部网络的访问，然后由防火墙把访问结果转发给内部网络用户。

（3）状态监测防火墙。USC（University Southern California，南加利福尼亚大学）信息科学院的 Bob Braden 开发出了基于动态包过滤（Dynamic Packet Filter）技术的防火墙，也就是目前所说的状态监测（State Inspection）技术。以色列的 Check Point 公司开发出了第一个采用这种技术的商业化产品。根据 TCP，每个可靠连接的建立需要经过 3 次握手。这时，数据包并不是独立的，而是前后之间有密切的状态联系。状态监测防火墙基于这种连接过程，根据数据包状态变化决定访问控制的策略。

（4）复合型防火墙。美国网络联盟公司（NAI）曾经推出了一种自适应代理（Adaptive Proxy）技术，并在其复合型防火墙产品 Gauntlet Firewall for NT 中得以实现。复合型防火墙结合了代理防火墙的安全性和包过滤防火墙的高速等优点，实现第 3 层～第 7 层自适应的数据过滤。

（5）下一代防火墙。随着网络应用的高速增长和移动业务应用的爆发式出现，发生在应用层的网络安全事件越来越多，过去简单的网络攻击也完全转变成以混合攻击为主，单一的安全防护措施已经无法有效解决企业面临的网络安全挑战。随着网络带宽的提升，网络流量巨大，针对大流量的应用层进行精确识别，对防火墙的性能要求也越来越高。下一代防火墙就是在这种背景下出现的。著名咨询机构 Gartner 介绍，为了应对当前与未来新一代的网络安全威胁，防火墙必须具备一些新的功能，例如基于用户防护和面向应用安全等功能。通过深入洞察网络流量中的用户、应用和内容，并借助全新的高性能并行处理引擎，在性能上有很大的提升。一些企业把具有多种功能的防火墙称为下一代防火墙，现在很多企业的防火墙都称为下一代防火墙。

4）防火墙的局限性

通常，人们认为防火墙可以保护处于其身后的网络不受外界的侵袭和干扰。但随着网络技术的发展，网络结构日趋复杂，传统的防火墙在使用的过程中暴露出以下局限性。

（1）防火墙不能防范没有经过防火墙的攻击。没有经过防火墙的数据，防火墙无法检查，如个别内部网络用户绕过防火墙、拨号访问等。

（2）防火墙不能解决来自内部网络的攻击和安全问题。

（3）防火墙不能防止策略不当或错误配置引起的安全威胁。防火墙是一个被动的安全策略执行设备，就像门卫一样，要根据政策规定来执行安全，而不能自作主张。

（4）防火墙不能防止利用标准网络协议中的缺陷进行的攻击。一旦防火墙准许某些标准协议，就不能防止利用该协议中的缺陷进行的攻击。

（5）防火墙不能防止利用服务器漏洞所进行的攻击。黑客通过防火墙准许的访问端口对该服务器的漏洞进行攻击，防火墙不能对其进行防止。

（6）防火墙不能防止受病毒感染的文件的传输。防火墙本身并不具备查杀病毒的功能。

（7）防火墙不能防止可接触的人为或自然的破坏。防火墙是一种安全设备，但防火墙本身必须存放在一个安全的地方。

因此，在 Internet 入口设置防火墙系统就足以保护企业网络安全的想法是不对的，也正是这些因素引起人们对入侵检测技术的研究及开发。入侵防御系统（Intrusion Prevention System，IPS）可以弥补防火墙的不足，为网络提供实时的监控，并且在发现入侵的初期采取相应的防护手段。IPS 系统作为必要的附加手段，已经为大多数组织机构的安全架构所接受。

2. 华为防火墙介绍及配置

1）华为防火墙的包过滤技术

当前使用的华为防火墙属于下一代防火墙，传统的包过滤防火墙对于需要转发的报文，会先获取报文头信息，包括报文的源 IP 地址、目的 IP 地址、IP 层所承载的上层协议的协议号、源端口号和目的端口号等，然后和预先设定的过滤规则进行匹配，并根据匹配结果对报文采取转发或丢弃处理。

由于传统包过滤防火墙的转发机制是逐包匹配并进行过滤规则的检查，所以其转发效率低下。下一代防火墙基本使用状态检查机制，只对一个连接的"首包"进行包过滤规则检查，如果这个"首包"可以通过包过滤规则的检查并建立会话，后续报文将不再继续通过包过滤规则检查，而是直接通过会话表来进行转发。

包过滤能够通过报文的源 MAC 地址、目的 MAC 地址、源 IP 地址、目的 IP 地址、源端口号、目的端口号、上层协议等信息组合来阻止或允许数据包的转发或丢弃，其中源 IP 地址、目的 IP 地址、源端口号、目的端口号、上层协议就是我们常说的五元组，也是组成 TCP/UDP 连接非常重要的五个元素。

2）华为防火墙安全策略

安全策略是按一定规则控制设备对流量转发及对流量进行内容安全一体化的策略，其本质是包过滤。安全策略主要应用于对跨防火墙的网络互访进行控制及对设备本身的控制。针对防火墙的跨区域，华为防火墙（USG6000V）有三个自带区域的划分，分别是 trust、untrust 和 dmz，其中 trust 一般设置为保护区域，其优先值为 85，其中 G0/0/0 口自动划分为 trust 区域（另外在连接设备的时候，G0/0/0 不能作为设备的连接端口，该端口自带 IP 地址作为 web 访问地址）。untrust 为外部网络，是不可信任区域，其优先值为 5。dmz 为军事化区域，一般存放在服务器中，其优先值为 50。另外可以设置其他安全区域。安全区域的设置是根据端口来确认的，只要这个端口是某区域，那么所有和这个端口相连的设备都是该区域。新建区域设置命令如下。

```
[FW1]firewall zone name XXX
//需要给这个区域名称设置一个优先值，优先值数值为1～99的数字
[FW1-zone-XXX]set priority n
[FW1-zone-XXX]add interface GigabitEthernet 1/0/1
```

防火墙安全策略是对经过防火墙的数据流进行网络安全访问的基本手段，决定了后续的应用数据流是否被处理，它会针对源安全区域、源 IP 地址、源端口号、协议、源地区及用户、应用和时间段等组合进行筛选，其处理原理如图 5-45 所示。

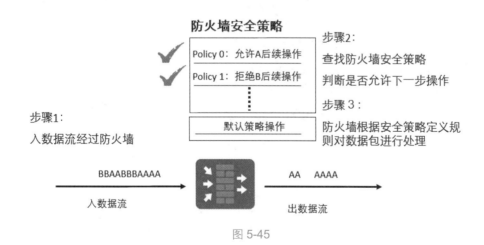

图 5-45

3）华为防火墙安全策略配置流程

华为防火墙的配置流程如图 5-46 所示。

（1）应先明确需要划分几个安全区域，接口如何连接，分别加入哪些安全区域。

（2）选择根据源地址或用户来区分用户。

（3）先确定每个用户组的权限，然后再确定特殊用户的权限，包括用户所处的源安全

区域和地址，用户需要访问的目的安全区域和地址，用户能够使用哪些服务和应用，用户的网络访问权限在哪些时间段生效等。如果想允许某种网络访问，则配置安全策略的动作为"允许"；如果想禁止某种网络访问，则配置安全策略的动作为"禁止"。

（4）确定对哪些通过防火墙的流量进行内容安全检测，对哪些内容进行安全检测。

（5）将以上步骤规划出的安全策略的参数一一列出，并将所有安全策略按照先精确（条件细化的、特色的策略）再宽泛（条件为大范围的策略）的顺序排序。在配置安全策略时需要按照此顺序进行配置。

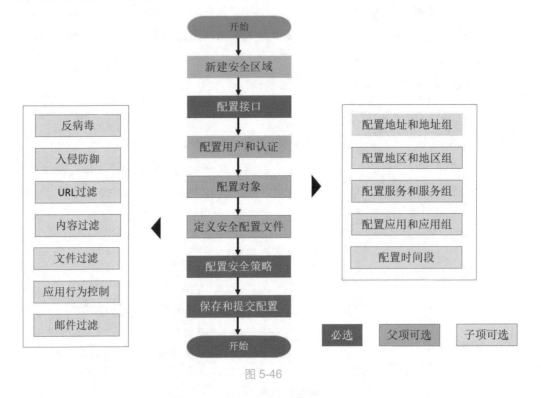

图 5-46

反思与总结

任务练习

一、单项选择题

1．为确保企业局域网的信息安全，防止来自 Internet 的黑客入侵，采用（　　）可以实现一定的防范作用。

A．网络管理软件　　　　　　　　B．邮件列表

C．防火墙　　　　　　　　　　　　D．防病毒软件

2．防火墙采用的最简单的技术是（　　）

A．安装保护卡　　　　　　　　　　B．隔离

C．包过滤　　　　　　　　　　　　D．设置进入密码

3．当某一服务器需要同时为内网用户和外网用户提供安全可靠的服务时，该服务器一般要置于防火墙的（　　）

A．内部　　　　　　　　　　　　　B．外部

C．DMZ 区　　　　　　　　　　　　D．都可以

4．在以下各项功能中，不可能集成在防火墙上的是（　　）

A．网络地址转换（NAT）

B．虚拟专用网（VPN）

C．入侵检测和入侵防御

D．过滤内部网络中设备的 MAC 地址

5．以下关于状态监测防火墙的描述，不正确的是（　　）

A．所检查的数据包称为状态包，多个数据包之间存在一些关联

B．在每一次操作中，必须首先检测规则表，然后再检测连接状态表

C．其状态检测表由规则表和连接状态表两部分组成

D．在每一次操作中，必须首先检测规则表，然后再检测状态连接表

6．以下关于传统防火墙的描述，不正确的是（　　）

A．既可防内，又可防外

B．存在结构限制，无法适应当前有线和无线并存的需要

C．工作效率低，如果硬件配置较低或参数配置不当，防火墙将形成网络瓶颈

D．容易出现单点故障

7．以下不是防火墙功能的是（　　）

A．过滤进出网络的数据包　　　　　B．保护存储数据安全

C．封堵某些禁止的访问行为　　　　D．记录通过防火墙的信息内容和活动

8．防火墙是建立在内外网络边界上的一些安全保护机制，其安全架构基于（　　）。

A．流量控制技术　　　　　　　　　B．加密技术

C．信息流填充技术　　　　　　　　D．访问控制技术

二、问答题

1．什么是防火墙？防火墙应具有的基本功能是什么？使用防火墙的好处有哪些？

2．防火墙主要由哪几部分组成？

3．防火墙按照技术划分成几类？

4．包过滤防火墙的工作原理是什么？包过滤防火墙有什么优缺点？

5．包过滤防火墙一般检查哪几项？

6．包过滤防火墙中制订访问控制规则一般有哪些原则？

单元六

网络设备监控与管理

学习目标

扫一扫，
看微课

任务

【知识目标】

1. 了解网络管理的基本概念。

2. 了解网络管理的基本功能。

3. 了解 SNMP 协议的工作原理。

【技能目标】

1. 掌握 SNMP 协议的配置方法。

2. 能够熟练应用 SNMP 协议进行网络管理。

【素养目标】

1. 通过实际应用，培养学生分析问题和解决问题的能力。

2. 通过示范作用，培养学生严谨细致的工作态度和工作作风。

知识重点	1. 网络管理的基本概念和功能 2. SNMP 协议的工作原理 3. SNMP 协议的基本架构
知识难点	1. SNMP 协议的应用场景 2. SNMP 协议的配置和调试方法
推荐教学方式	从工作任务入手,通过对 SNMP 协议的配置和调试,让学生从直观到抽象,逐步理解 SNMP 协议的工作原理和基础架构,掌握网络管理的基本概念和功能
建议学时	2 学时
推荐学习方法	动手完成任务,在任务中逐渐了解 SNMP 协议的工作原理,掌握网络管理的概念和网络管理的功能

任务　通过 SNMP 协议管理路由设备

【任务目标】

教学
操作
视频

1. 了解 SNMP 协议的基本架构和工作原理。

2. 掌握 SNMP 协议应用场景和配置方法。

【任务场景】

学院的规模日益扩大,考虑到学院未来的发展,为了方便网络运维人员对网络设备的管理与维护,校园网信息中心决定使用 SNMP 协议进行管理与监控,并安排小张同学在模拟环境下完成测试,为设备上线配置管理奠定坚实的基础。

【任务环境】

小张选用华为路由设备模拟网络环境,在管理设备时使用 SNMPv3 版本保证互通,网络拓扑如图 6-1 所示,IP 地址分配表如表 6-1 所示。为了方便对告警信息进行定位,避免过多的无用告警对处理问题造成干扰,只允许默认打开的模块可以发送告警至工作站NMS1,并对数据进行认证和加密。此外为了在路由器出现故障时,能快速联系上该设备的管理员,以便对故障进行快速定位和排除,故要求在路由器上配置设备管理员的联系方式。

表 6-1

设 备	接 口	IP 地 址	子 网 掩 码
R1	GigabitEthernet0/0/0	1.1.1.1	255.255.255.0
NMS1	Ethernet0/0/1	1.1.1.2	255.255.255.0

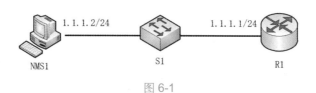

图 6-1

【任务实施】

1. 基本配置

根据 IP 地址分配表配置路由 R1 和管理主机接口的 IP 地址，并测试连通性。

（1）配置路由器 R1 接口的 IP 地址，配置命令如下所示。

```
<Huawei>system-view
[Huawei]sysname R1
[R1]interface GigabitEthernet0/0/0
[R1-GigabitEthernet0/0/0]ip address 1.1.1.1 24
[R1-GigabitEthernet0/0/0]undo shutdown
[R1-GigabitEthernet0/0/0]quit
```

（2）主机 NMS1 接口的 IP 地址配置如图 6-2 所示。

图 6-2

（3）使用 ping 命令测试 R1 和 NMS1 之间的连通性，命令及显示结果如下所示。

```
[R1]ping 1.1.1.2
 PING 1.1.1.2 : 56  data bytes, press CTRL_C to break
   Reply from 1.1.1.2: bytes=56 Sequence=1 ttl=255 time=70 ms
   Reply from 1.1.1.2: bytes=56 Sequence=2 ttl=255 time=50 ms
   Reply from 1.1.1.2: bytes=56 Sequence=3 ttl=255 time=20 ms
   Reply from 1.1.1.2: bytes=56 Sequence=4 ttl=255 time=50 ms
   Reply from 1.1.1.2: bytes=56 Sequence=5 ttl=255 time=30 ms

 --- 1.1.1.2 ping statistics ---
   5 packet(s) transmitted
   5 packet(s) received
   0.00% packet loss
   round-trip min/avg/max = 20/44/70 ms
 --- 1.1.1.3 ping statistics ---
   5 packet(s) transmitted
   5 packet(s) received
   0.00% packet loss
   round-trip min/avg/max = 20/44/70 ms
```

2. 在路由器 R1 配置到 SNMP 协议

（1）启用 SNMP 协议代理功能，配置命令如下所示。

```
[R1] snmp-agent
```

（2）配置路由器 R1 的 SNMP 协议版本为 SNMPv3，启用 SNMP 协议代理功能，配置命令如下所示。

```
[R1]snmp-agent sys-info version v3
```

（3）配置用户和组，对用户进行认证和数据加密，配置命令如下所示。

```
[R1]snmp-agent group v3 test privacy
[R1]snmp-agent usm-user v3 user1 test acl 2001
[R1]snmp-agent usm-user v3 user1 test authentication-mode md5
Test@1234 privacy-mode aes128 Test@1234
```

配置 SNMPv3 的组名为 test，加密认证方式为 privacy，创建 SNMPv3 用户，其名为 user1，同时配置认证和加密密码为 Test@1234。

（4）配置告警功能，配置命令如下所示。

```
[R1] snmp-agent target-host trap-paramsname param v3
securityname  sec privacy
[R1]snmp-agent target-host trap-hostname NMS1 address 1.1.1.2
trap-paramsname param
```

```
[R1]snmp-agent trap source GigabitEthernet 0/0/0
[R1]snmp-agent trap enable
```

创建名为 param 的 Trap 参数信息，设置 securityname 为 sec，设置 SNMP 协议告警主机地址为 1.1.1.2，打开告警开关，设置发送告警的源接口为 GE0/0/0。

（5）配置设备管理员的联系方式，配置命令如下所示。

```
[R1]snmp-agent sys-info contact "Li hong,tel:13799800909"
```

设置管理员的姓名和电话号码。

3. 验证配置结果

配置完成后，执行下面的命令，检查配置内容是否生效。

（1）查看版本信息，命令及显示结果如下所示。

```
[R1]display snmp-agent sys-info version
  SNMP version running in the system:
    SNMPv3
```

（2）查看路由器 R1 的用户组信息，命令及显示结果如下所示。

```
[R1]display snmp-agent group


  Group name: test
  Security model: v3 AuthPriv
  Readview: ViewDefault
  Writeview: <no specified>
  Notifyview: <no specified>
  Storage type: nonVolatile
```

（3）查看路由器 R1 的用户组信息，命令及显示结果如下所示。

```
[R1]display snmp-agent usm-user
  User name: user1
  Engine ID: 800007DB03000000000000
  Group name: test
  Authentication mode: md5, Privacy mode: aes128
  Storage type: nonVolatile
  User status: active
```

（4）查看告警目标主机，命令及显示结果如下所示。

```
[R1]display snmp-agent target-host
  Traphost list:
  Target host name: NMS1
  Traphost address: 1.1.1.2
  Traphost portnumber: 162
```

```
Target host parameter: param

Parameter list trap target host:
Parameter name of the target host: param
Message mode of the target host: SNMPV3
Trap version of the target host: v3
Security name of the target host: sec
Security level of the target host: privacy
```

（5）查看设备管理员联系方式，命令及显示结果如下所示。

```
[R1]display snmp-agent sys-info contact
   The contact person for this managed node:
        "Li hong,TEL 13799800909"
```

 【相关知识】

随着网络的规模越来越庞大，网络中的设备种类繁多，如何对越来越复杂的网络进行有效的管理，从而提供高质量的网络服务，已成为网络管理所面临的巨大挑战。

1．网络管理

网络管理通过对网络中设备的管理，保证设备工作正常，使通信网络正常运行，以提供高效、可靠和安全的通信服务，是通信网络的重要组成部分。

网络管理有五大功能：配置管理（Configuration Management）、性能管理（Performance Management）、故障管理（Fault Management）、安全管理（Security Management）、计费管理（Accounting Management）。

1）配置管理

配置管理负责监控网络的配置信息，使网络管理人员可以生成、查询和修改硬件和软件的运行参数和条件，并可以进行相关业务的配置，其目的是实现某个特定功能或使网络性能达到最优，具体包括以下方面。

（1）配置信息的自动获取：一个先进的网络管理系统应该具有配置信息自动获取的功能。即使在管理人员不是很熟悉网络结构和配置状况的情况下，也能通过有关的技术手段完成对网络的配置和管理。

（2）自动配置、自动备份及相关技术：配置信息自动获取功能相当于从网络设备中"读"信息，在网络管理应用中还有大量"写"信息的需求，即对设备进行自动配置。

（3）配置一致性检查：一个大型网络中的网络设备众多，这些设备很可能不是由同一个管理员进行配置的。即使是同一个管理员对设备进行配置的，也会由于各种原因导致配置一致性的问题。因此，对整个网络的配置情况进行一致性检查是必需的。在网络的配置中，对网络正常运行影响最大的主要是路由器端口配置和路由信息配置，因此，要进行一致性检查的也主要是这两类信息。

（4）用户操作记录功能：配置系统的安全性是整个网络管理系统安全的核心，因此，必须对用户的每一配置操作进行记录。在配置管理中，需要对用户操作进行记录，并保存下来。管理人员可以随时查看特定用户在特定时间内进行的特定配置操作。

2）性能管理

性能管理以网络性能为准则，保证在使用较少网络资源和具有较小时延的前提下，网络能够提供可靠、连续的通信能力。一些典型的功能包括以下几个方面。

（1）性能监控：由用户定义被管对象类型及其属性。被管对象类型包括线路和路由器；被管对象属性包括流量、延迟、丢包率、CPU 利用率、温度、内存余量。对于每个被管对象，定时采集性能数据，自动生成性能报告。

（2）阈值控制：可对每个被管对象的每条属性设置阈值，对于特定被管对象的特定属性，可以针对不同的时间段和性能指标进行阈值设置。

（3）性能分析：对历史数据进行分析、统计和整理，计算性能指标，对性能状况进行判断，为网络规划提供参考。

（4）可视化的性能报告：对数据进行扫描和处理，生成性能趋势曲线，以直观的图形反映性能分析的结果。

3）故障管理

故障管理的主要目标是确保网络始终可用，并在发生故障时尽快将其修复。故障管理是网络管理中最基本的功能之一。用户都希望有一个可靠的计算机网络。当网络中某个组成失效时，网络管理器必须迅速查找到故障并及时排除。

（1）故障报警：接收故障监测模块传来的报警信息，根据报警策略驱动不同的报警程序，如以报警窗口/振铃（通知一线网络管理人员）或电子邮件（通知决策管理人员）发出网络严重故障报警。

（2）故障信息管理：依靠对事件记录的分析，定义网络故障并生成故障卡片，记录排除故障的步骤和与故障相关的值班员日志，创建排错行动记录，将事件、故障和日志构成逻辑上相互关联的整体，以反映故障产生、变化、消除这一过程的各个方面。

（3）排错支持工具：向管理员提供一系列的实时检测工具，对被管设备的状况进行测试并记录下测试结果以供技术人员分析和排错；根据已有的排错经验和管理员对故障状态的描述给出对排错行动的提示。

（4）检索/分析故障信息：浏览并以关键字检索查询故障管理系统中的所有数据库记录，定期收集故障记录数据，在此基础上给出被管网络系统、被管线路设备的可靠性参数。

4）安全管理

安全性一直是网络的薄弱环节，而用户对网络安全的要求又相当高，因此网络安全管理非常重要。网络安全管理应包括对授权机制、访问控制和加密关键字的管理，另外还要维护和检查安全日志。网络管理本身的安全由以下机制保证。

（1）管理员身份认证，采用基于公开密钥的证书认证机制；为提高系统效率，对于信任域内（如局域网）的用户，可以使用简单口令认证。

（2）管理信息存储和传输的加密与完整性，Web 浏览器和网络管理服务器之间采用安全套接字层（SSL）传输协议，对管理信息加密传输并保证其完整性；内部存储的机密信息，如登录口令等，也是经过加密的。

（3）网络管理用户分组管理与访问控制，网络管理系统的用户（即管理员）按任务的不同分成若干用户组，不同的用户组中有不同的权限范围，对用户的操作由访问控制检查，保证用户不能越权使用网络管理系统。

（4）系统日志分析，记录用户的所有操作，使系统的操作和对网络对象的修改有据可查，同时也有助于故障的跟踪与恢复。

网络对象的安全管理具有以下功能。

网络资源的访问控制。通过管理路由器的访问控制列表，完成防火墙的管理功能，即从网络层（IP）和传输层（TCP）控制对网络资源的访问，保护网络内部的设备和应用服务，防止外来的攻击。

告警事件分析。接收网络对象发出的告警事件，分析与安全相关的信息（如路由器登录信息、SNMP 协议认证失败信息），实时向管理员告警，并提供历史安全事件的检索与分析机制，及时发现正在进行的攻击或可疑的攻击迹象。

主机系统的安全漏洞监测，实时监测主机系统的重要服务（如 WWW，DNS 等）的状态，提供安全监测工具，搜索系统可能存在的安全漏洞或安全隐患，并给出弥补的措施。

5）计费管理

计费管理记录网络资源的使用，其目的是控制和监测网络操作的费用和代价。它对一些公共商业网络尤为重要。它可以估算出用户使用网络资源可能需要的费用和代价，以及已经使用的资源。网络管理员还可以规定用户可使用的最大费用，从而控制用户过多占用和使用网络资源。这也从另一方面提高了网络的效率。另外，当用户为了一个通信目的需要使用多个网络中的资源时，计费管理可计算总计费用。计费管理包括以下方面。

（1）计费数据采集：计费数据采集是整个计费系统的基础，但计费数据采集往往受到采集设备硬件与软件的制约，而且也与进行计费的网络资源有关。

（2）数据管理与数据维护：计费管理人工交互性很强，虽然有很多数据维护系统自动完成，但仍然需要人为管理，包括缴纳费用的输入、联网单位信息维护，以及账单样式决定等。

（3）计费政策制定：由于计费政策经常变化，因此实现用户自由制定输入计费政策尤其重要。这样需要一个制定计费政策的友好人机界面和完善地实现计费政策的数据模型。

（4）政策比较与决策支持：计费管理应该提供多套计费政策的数据比较，为政策制订提供决策依据。

（5）数据分析与费用计算：利用采集的网络资源使用数据、联网用户的详细信息及计费政策计算网络用户资源的使用情况，并计算出应缴纳的费用。

（6）数据查询：提供给每个网络用户关于自身使用网络资源情况的详细信息，网络用户可以根据这些信息计算、核对自己的收费情况。

2. 简单网络管理协议

SNMP（Simple Network Management Protocol，简单网络管理协议）是广泛用于 TCP/IP 网络的网络管理标准协议，提供了一种通过运行网络管理软件的中心计算机，即 NMS（Network Management Station，网络管理工作站）管理网元的方法。如图 6-3 所示，网络管理员可以利用 NMS 在网络上的任意节点完成信息查询、信息修改和故障排查等工作，提升工作效率，同时屏蔽了不同产品之间的差异，实现了不同种类和厂商的网络设备之间的统一管理。

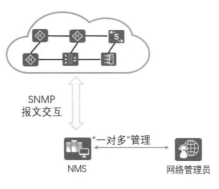

图 6-3

1）SNMP 的发展

SNMP 共有三个版本：SNMPv1、SNMPv2c 和 SNMPv3。1990 年 5 月，RFC 1157 定义了 SNMP 的第一个版本 SNMPv1。RFC 1157 提供了一种监控和管理计算机网络的系统方法。SNMPv1 基于团体名认证，其安全性较差，且返回报文的错误码也较少。1996 年，IETF 颁布了 RFC 1901，定义了 SNMP 的第二个版本 SNMPv2c。SNMPv2c 中引入了 GetBulk 和 Inform 操作，支持更多的标准错误码信息，支持更多的数据类型（Counter64、Counter32）。

SNMPv2c 改善了安全模型和访问控制。

最新的版本是 SNMPv3，提供了基于 USM（User-Based Security Model，用户安全模块）的认证加密和 VACM（View-based Access Control Model，基于视图的访问控制模型）功能，不但采用了新的 SNMP 消息格式，而且在安全方面有更大的加强。

2）SNMP 的系统组成

一个典型 SNMP 的系统包括四个元素：管理员（Manager）、管理代理（Agent）、管理信息数据库（MIB）和代理设备，其中前三个元素为必需的，最后一个是可选元素。

（1）管理员：协助网络管理员完成整个网络的管理工作是网络管理软件的重要功能之一。网络管理软件要求管理代理定期收集重要的设备信息，收集到的信息将用于确定独立的网络设备、部分网络或整个网络运行的状态是否正常。管理员应该定期查询管理代理收集到的有关主机运转状态、配置及性能等信息。

（2）管理代理：网络管理代理是驻留在网络设备中的软件模块，也称管理代理软件。这里的设备可以是 UNIX 工作站、网络打印机，也可以是其他网络设备。管理代理软件可以获得本地设备的运转状态、设备特性、系统配置等相关信息。管理代理软件就像每个被管理设备的信息经纪人，它们完成网络管理员布置的采集信息的任务。管理代理软件所起的作用是，充当管理系统与管理代理软件驻留设备之间的中介，通过控制设备的 MIB 中的信息来管理该设备。管理代理软件可以把网络管理员发出的命令按照标准的网络格式进行转化，收集所需的信息，之后返回正确的响应。在某些情况下，管理员也可以通过设置某个 MIB 对象来命令系统进行某种操作。

路由器、交换机、集线器等许多网络设备的管理代理软件一般是由原网络设备制造商提供的，它可以作为底层系统的一部分，也可以作为可选的升级模块。设备厂商决定他们的管理代理软件可以控制哪些 MIB 对象，哪些对象可以反映管理代理软件开发者感兴趣的问题。

（3）管理信息数据库：管理信息数据库定义了一种数据对象，它可以被网络管理系统控制。管理信息数据库是一个信息存储库，这里包括数千个数据对象，网络管理员可以通过直接控制这些数据对象去控制、配置或监控网络设备。网络管理系统可以通过网络管理代理软件来控制 MIB 数据对象。无论有多少个 MIB 数据对象，管理代理软件都需要维持它们的一致性，这也是管理代理软件的人物之一。现在已经定义了几种通用的标准管理信息数据库，这些数据库中包括必须在网络设备中支持的特殊对象，所以这几种 MIB 可以支持 SNMP，使用十分广泛、通用的 MIB 是 MIB-II。

（4）代理设备：代理设备在标准网络管理软件和不直接支持该标准协议的系统之间起桥梁作用。利用代理设备，不需要升级整个网络就可以实现从旧版本到新版本的过渡。

3. SNMP 基本配置

（1）启用 SNMP 代理功能。

```
[Huawei] snmp-agent
```

在一般情况下，设备上的 SNMP 代理功能默认是不启用的。

（2）配置 SNMP 的版本。

```
[Huawei] snmp-agent sys-info version [v1 | v2c | v3]
```

用户可以根据自己的需求配置对应的 SNMP 版本，但设备侧使用的协议版本必须与网管侧一致。

（3）创建或更新 MIB 视图的信息。

```
[Huawei] snmp-agent mib-view view-name { exclude | include } subtree-name
[mask mask]
```

（4）增加一个新的 SNMP 组，将该组用户映射到 SNMP 视图中。

该命令用于在 SNMPv3 版本中创建 SNMP 组，指定认证加密方式、只读视图、读写视图、通知视图，是安全性需求较高的网管网络中的必需指令。

```
[Huawei] snmp-agent group v3 group-name { authentication | noauth | privacy }
[ read-view view-name | write-view view-name | notify-view view-name ]
```

（5）为一个 SNMP 组添加一个新用户。

```
[Huawei] snmp-agent usm-user v3 user-name group group-name
```

（6）配置 SNMPv3 用户认证密码。

```
[Huawei] snmp-agent usm-user v3 user-name authentication-mode { md5 | sha |
 sha2-256 }
```

（7）配置 SNMPv3 用户加密密码。

```
[Huawei] snmp-agent usm-user v3 user-name privacy-mode { aes128 | des56 }
```

（8）配置设备发送 Trap 报文的参数信息。

```
[Huawei] snmp-agent target-host trap-paramsname paramsname v3 securityname
 securityname { authentication | noauthnopriv | privacy }
```

（9）配置 Trap 报文的目的主机。

```
[Huawei] snmp-agent target-host trap-hostname hostname address ipv4-address
trap-paramsname paramsname [ notify-filter-profile profile-name ]
```

（10）打开设备的所有告警开关。

```
[Huawei] snmp-agent trap enable
```

该命令只是打开设备发送 Trap 告警的功能，要与 snmp-agent target-host 协同使用，由 snmp-agent target-host 指定 Trap 告警发送给哪台设备。

（11）配置发送告警的源接口。

```
[Huawei] snmp-agent trap source interface-type  interface-number
```

Trap 告警无论从哪个接口发出都必须有一个发送的源地址，因此源接口必须是已经配置了 IP 地址的接口。

反思与总结

单元练习

1. SNMP 应用的传输层协议为（　　　）。

A. TCP

B. UDP

C. SNMP

D. IP

2. 下列哪些不是 SNMP 的报文（　　　）。

A. Get-request

B. Get-next-request

C. Set-request

D. Set-next-request

3. 下列不属于网管的五个基本功能的是（　　　）。

A. 拓扑管理

B. 分级管理

C. 性能管理

D. 故障管理

E. 安全管理

F. 配置管理

4. 以下关于 SNMP 说法错误的是（　　　）。

A. 目标是保证管理信息在任意两点中传送，便于网络管理员在网络上的任何节点检索信息，寻找故障并进行修改

B. 采用轮询机制，提供最基本的功能集

C. 易于扩展，可自定义 MIB 或 SMI

D. 要求可靠的传输层协议 TCP

5. 可以发出 SNMP GetRequest 的网络实体是（　　　）。

A. Agent

B. Manager

C. Client

D. 以上都不对

6. TRAP 上报是通过（　　　）的（　　　）端口。

A. UDP，161

B. UDP，162

C. TCP，161

D. TCP，162

7. 以下属于拓扑管理功能的有（　　　）。

A. 增删设备或子网

B. 查看节点、链路或子网的状态

C. 通过定时轮询或手动启动对任一设备的状态或配置数据轮询

D. 实时刷新拓扑显示数据

8．以下属于 SNMP PDU 的是（　　　）。

A．GetRequest PDU

B．GetNextRequest PDU

C．GetResponse PDU

D．SetRequest PDU

E．SetResponse PDU

F．Trap PDU

9．以下对 SNMP V1 的描述错误的是（　　　）。

A．被管功能简单，操作种类少，易于实现

B．易于扩展

C．不适合管理大型网络

D．不适合检索大数据块

E．不支持 manager 到 manager 间的通信

F．安全性较高

G．可靠性较高

10．在 SNMP 中，NMS（Network Management Station）向代理（Agent）发出的报文有哪些（　　　）。

A．GET

B．GET NEXT

C．SET

D．REQUEST